导线覆冰勘测技术与应用

中国电力工程顾问集团西南电力设计院有限公司 编著

科学出版社

北 京

内 容 简 介

本书定位为工具书，为适应架空输电线路勘测设计和运行维护的需要，作者对覆冰观测和勘测工作中积累的资料、研究成果和工程实践经验进行全面的提炼、归纳、总结，以严谨、简洁、实用的方式进行描述，涵盖了新实施的国家相关规程规范和标准的要求，新的技术方法和手段，可作为导线覆冰观测与勘测的指导手册，希望本书能助力勘测设计人员提高专业技术水平，成为电网建设从业人员的有力工具。

本书可供电网工程勘测、设计、运行和管理等相关工作人员使用，也可供应用气象学科的相关教学参考使用。

图书在版编目(CIP)数据

导线覆冰勘测技术与应用 / 中国电力工程顾问集团西南电力设计院有限公司编著. — 北京：科学出版社，2020.9
ISBN 978-7-03-066074-9

Ⅰ.①导… Ⅱ.①中… Ⅲ.①输电线路-冰害-灾害防治 Ⅳ.①TM726

中国版本图书馆 CIP 数据核字（2020）第 172962 号

责任编辑：叶苏苏 / 责任校对：彭　映
责任印制：罗　科 / 封面设计：墨创文化

科　学　出　版　社 出版
北京东黄城根北街16号
邮政编码：100717
http://www.sciencep.com

成都锦瑞印刷有限责任公司 印刷
科学出版社发行　各地新华书店经销

*

2020年9月第　一　版　　开本：B5（720×1000）
2020年9月第一次印刷　　印张：15　插页：4
字数：310 000

定价：**189.00 元**
（如有印装质量问题，我社负责调换）

《导线覆冰勘测技术与应用》编写组

主要编著人员：黄志洲　　郭新春

其他参编人员：晋明红　黄　帅　王　劲　刘　渝
　　　　　　　李　力　王国羽　吴国强　郑　国
　　　　　　　谭　绒　尹　亮　金西平

前　言

导线覆冰是一种成因复杂的天气(物理)现象,对输电线路的可靠设计和安全运行有着重要影响。随着我国电网规模的不断扩大,高海拔山区输电线路覆冰问题愈发突出,目前人们对于导线覆冰的认识还不能完全满足输电线路建设与发展的要求。因此,解决输电线路覆冰问题成为电网安全运行的关键技术之一。

输电线路覆冰灾害(简称冰害)的防御需建立在准确的覆冰数据基础上。早在1982年,中国电力工程顾问集团西南电力设计院有限公司(以下简称西南院公司)在大凉山区域建立了黄茅埂观冰站(点),开展导线覆冰观测的研究工作,其观测资料应用于多项重大输电线路工程,获得了国家科学技术进步奖二等奖。

西南院公司先后在四川、贵州、云南、湖南、湖北、宁夏、重庆等省(自治区、直辖市)输电线路通道的重冰区建立了160多个观冰站(点),通过几十年的导线覆冰观测研究与工程实践,积累了大量导线覆冰观测数据、研究成果与工程应用经验,为架空输电线路工程的规划、设计和运行提供了有力的技术支撑。随着电网建设的发展,导线覆冰勘测与研究工作必将受到越来越多的关注。然而,目前国内极缺关于导线覆冰勘测与技术应用方面的专著,电力勘测设计和运行维护人员迫切需要适应我国电网工程建设要求的导线覆冰勘测专业书籍。

本书共四篇,第一篇覆冰机理与分类,包含第一章和第二章的内容,第一章介绍输电线路覆冰现象与形成机理;第二章对输电线路覆冰种类进行总结及描述,并提供辨识方法。

第二篇覆冰观测与记录,包含第三章～第七章的内容,第三章详细介绍观冰站(点)规划、选址和建设;第四章、第五章给出观冰站(点)、试验线路导线、冰害线路导线的覆冰观测内容和方法;第六章介绍气象要素观测与记录;第七章提出观测资料整编规定和具体要求,给出报表样式模板等。

第三篇覆冰查勘与计算,包含第八章～第十一章的内容,第八章对覆冰调查进行介绍和总结;第九章、第十章提出拟建输电线路和冰害线路的覆冰踏勘内容与方法;第十一章对覆冰计算方法、参数取值和数学模型应用进行介绍。

第四篇覆冰分布与区划,包含第十二章～第十四章的内容,第十二章介绍我国覆冰的空间、时间与地形分布;第十三章对冰区划分的原则与依据、工作深度、步骤和技术进行介绍;第十四章介绍冰区图的绘制方法、步骤和绘制示例。

感谢曾经在导线覆冰勘测领域中辛勤付出的老领导和老同志们,他们经过几十年的探索前行，总结了丰富的实践经验，积累了大量的技术成果，为导线覆冰勘测技术的发展奠定了坚实的基础，日积月累，薪火相传，才得以融汇成本书。向在本书组织协调、参与撰写以及出版校对等工作中付出辛勤劳动的领导和同志表示衷心的感谢。

由于作者水平有限，书中难免存在不妥之处，敬请读者批评与指正。

作　者

2020 年 6 月

目　　录

第一篇　覆冰机理与分类

第三篇　覆冰查勘与计算

第四篇 覆冰分布与区划

第一篇　覆冰机理与分类

第一章 输电线路覆冰

覆冰是一种分布广泛的自然现象，也是对输电线路安全运行威胁最大的气象要素。严重的覆冰常造成输电线路闪络、断线、倒杆(塔)等事故，给电力输送带来巨大危害。覆冰受温度、湿度、风速、风向、对流、环流及地形等因素的综合影响，形成机理极为复杂，时间分布与空间分布也极不均匀。

本章主要介绍覆冰现象及覆冰对输电线路的危害、覆冰形成机理及分布特性。

第一节 覆冰现象及覆冰对输电线路的危害

一、覆冰现象

覆冰是一种常见的与流体力学、气象学、传热学、热力学等学科有关的自然现象，当过冷却水滴碰到温度低于冰点的物体时，就形成了覆冰。而当水滴凝结到导线、铁塔、绝缘子等电力构建物的表面时，就会形成架空输电线路覆冰现象[1]。覆冰现象多发生于冬春季节。覆冰现象见图 1-1～图 1-6。

图 1-1 树木覆冰

图 1-2 植被覆冰

图 1-3　输电线路塔架覆冰

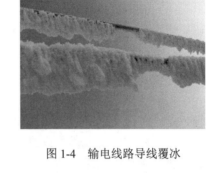

图 1-4　输电线路导线覆冰

图 1-5　雨淞塔导线覆冰

图 1-6　雨淞架导线覆冰

二、覆冰对输电线路的危害

覆冰在导线表面附着与增长，使导线横截面发生形状变化，扩大了导线的迎风面积，其综合结果导致了电线和杆塔荷载的增加，极易产生不稳定的弛振，常引发跳闸、闪络、扭转、断线、倒杆等事件，从而造成停电等电力事故。

（一）国内外主要冰害事故

由于特殊的地理和气候条件，输电线路覆冰严重的国家主要有加拿大、美国、瑞典、芬兰、德国、日本等。在美国，平均每年冰冻灾害造成的经济损失金额高达数百万美元[2]。1998 年，持续冰冻天气影响美国东北部和加拿大东南部，造成了大约 40 亿美元的经济损失[3]；2007 年 12 月，冰风暴席卷美国中西部，造成部分地区停电达数十天之久，成为美国历史上范围最大的停电事故[1]。

我国也是发生输电线路覆冰事故较多的国家之一，覆冰事故已严重威胁我国电力系统的安全运行，并造成了巨大的经济损失。根据文献[1]、[4]和[5]，表 1-1 列出了近年来我国全国范围内主要的输电线路冰害[6-12]。

表 1-1　我国全国范围内主要的输电线路冰害

时间	地区	破坏程度及造成的损失
2018 年 1 月	南方地区	我国华南、华东和西南大部分地区普遍出现大面积的积雪冰冻天气，多地发布黄色预警，供电负荷急剧增大，并出现不同程度供电紧张的状况。我国某省上百条 10kV 及以上电压等级输电线路因覆冰积雪而中断供电，多条 110～500kV 电压等级输电线路以及特高压直流输电线路发生覆冰舞动
2014 年 2 月	湖北	高山地区电力线路覆冰严重，部分地区覆冰超过 50mm。某 500kV 输电线路因严重覆冰及脱冰跳跃先后发生 5 次跳闸，同时雨雪冰冻天气造成 10 多条主网线路跳闸，多条输电线路断线，4 座变电站失压，农配网倒杆断线近千条
2011 年 1 月	南方 5 省（市）	贵州、江西、湖南、四川、重庆 5 省（市）383 万人受灾，贵州省交通中断，国家电网和南方电网 35kV 以上输电线路覆冰数百条，部分输电线路覆冰厚度达 27mm
2010 年 2 月	辽宁	辽宁电网某输电线路跳闸 2 次，10 条 220kV 输电线路跳闸 19 次，66kV 以下配电网系统电量损失约 100 万 kW·h
2008 年年初	南方 12 省及自治区	连续 20 多天维持-5～0℃的雪凝灾害性天气，输电线路覆冰平均厚度达 30mm 以上，最大厚度超过 100mm，电力基础设施遭到大面积的严重破坏，全国范围内电网因冰灾停运的电力线路共计 39033 条，停运变电站共计 2037 座，500kV 交直流输电线路倒塔 678 基，停运 119 条；1432 基 220kV 输电线路倒塔（杆），停运 343 条；15 座 500kV 变电站停运，86 座 220kV 变电站停运。冰灾造成超过 1000 亿元的经济损失
2005 年 2 月	湖南	220kV 和 500kV 主干输电线路发生覆冰，覆冰最厚处近 80mm，杆塔数次出现险情
2001 年 12 月	湖北	500kV 葛双 II 回输电线路发生严重覆冰致使输电线路跳闸、放电、绝缘子烧伤等事故
2000 年 1 月	东北	沈阳、哈尔滨等城市连降大雪导致输电线路多处发生覆冰事故
1999 年 3 月	京津唐地区	输电线路绝缘子覆冰造成京津唐电网 110kV、220kV 及 500kV 输电线路 10 条发生 47 条次闪络
1994 年 11 月 1993 年 11 月	湖北	荆门地区 500kV 输电线路多次出现覆冰倒塔的重大事故，造成 1000 万元直接经济损失
1983 年 4 月	黑龙江	齐齐哈尔、嫩江地区运行的 42 条 35～220kV 输电线路和 78 条 6～10kV 配电线路全部停电
1980 年 10 月	黑龙江省东北部	因覆冰造成事故停电的输电线路共 43 条，全长 1450km，输电线路 37 基水泥杆、2 基铁塔倾倒。配电线路仅在佳木斯、鹤岗、汤原、依兰四个市、县就有 20 条 6～10kV 配电线路发生倒杆、断线、横担弯折。高压倒杆 307 基，低压倒杆 95 基，接户线倒杆 570 基，横担严重弯折 110 基

特别是 2008 年春节前夕，我国先后出现 3 次大范围的雨雪冰冻天气。此次冰灾影响了贵州、湖南、湖北、江西、安徽、河南、广西、江苏、浙江、陕西、甘肃、青海、四川、西藏、山西、上海等 16 省（区、市）。这场范围广、强度大、持续时间长的雨雪冰冻天气，给上述省（区、市）的电网造成严重损坏，导致大量输电线路发生闪络跳闸、塔材螺栓松动、绝缘子碰撞破损、跳线断裂、间隔棒等金具损坏断裂、掉串掉线、杆塔结构受损、倒塔等事故。2008 年部分输电线路的受灾情况见图 1-7～图 1-9。

图 1-7   2008 年某±500kV 直流输电线路铁塔严重扭曲

图 1-8   2008 年某 500kV 输电线路导线断股

图 1-9   2008 年某 500kV 输电线路横担及地线支架受损

　　国家电网 220kV 及以上主网损坏严重，根据文献[5]统计，造成 220kV 及以上输电线路发生倒塔，共计 418 基，其中 500kV 输电线路 255 基，220kV 输电线路 163 基；220kV 及以上输电线路杆塔受损共计 89 基，其中 500kV 输电线路 34 基，220kV 输电线路 55 基；220kV 及以上输电线路断线共计 299 条，其中 500kV 输电线路 109 条，220kV 输电线路 190 条。

　　2008 年冰灾对南方电网区域的影响呈由西至东的带状，影响区域主要包括：贵州大部分地区，特别是贵州中北部地区；云南与贵州接壤的昭通和曲靖北部地区；广西的河池、柳州、桂林、贺州、梧州一带；广东粤北的清远和韶关。特别是贵州电网，据文献[13]统计，此次在全国范围内受灾最严重，受损输电线路占贵州电网总数的 77%。

　　(二)输电线路覆冰事故类型

　　导线覆冰引起的事故主要可分以下几类[14]。

1. 过负载事故

　　过负载事故为导线覆冰超过设计抗冰厚度，即覆冰后导线的质量、风压面积增加而导致的机械和电气方面的事故。这种事故可造成金具损坏、导线断股、杆塔损折、绝缘子串翻转、绝缘子串撞裂等机械事故；也可能使导地线弧垂增大(图 1-10)，造成闪络和烧伤、烧断导线的电气事故。由图 1-10 可见，覆冰后输电线路的导地线弧垂明显增大。

图 1-10　覆冰后输电线路的导地线弧垂明显增大

2. 覆冰不均匀或不同步脱冰事故

　　相邻档的覆冰不均匀(图 1-11)或输电线路不同步脱冰会产生张力差，损坏金具、导线和绝缘子，并使导线电气间隙减小而发生闪络。由图 1-11 可见，在脱冰期导线覆冰存在明显的不同步脱冰现象。

图 1-11　脱冰期的覆冰不均匀现象

3. 覆冰导线舞动

不均匀覆冰荷载的作用使导线产生自激振荡和低频率的舞动，造成金具损坏、导线断股、断线和杆塔倾斜或杆塔倒塌等机械及电气事故。

第二节　覆冰形成机理

一、覆冰形成的基本条件

覆冰是受温度、湿度、冷暖空气对流、环流及风等因素影响的综合物理现象，输电线路产生覆冰应具备以下三项基本条件[5]：

(1)具有足够可冻结的气温，一般为-20～0℃。

(2)具有较高的湿度，即空气相对湿度一般要求在 85%以上。

(3)具有可使空气中的过冷却水滴或过冷却云粒运动的相应风速，一般风速为 1～10m/s。

在具备了形成覆冰的温度和水汽条件后，除了风速对覆冰的影响外，风向也是决定导线覆冰重量的重要因素。

导线覆冰的机理研究，就是建立导线覆冰与各种气象要素的关系，通过各种数学、物理模型定性或定量地解释导线覆冰的形成与发展机制，从而为输电线路防冰、抗冰和除冰提供科学依据。

二、导线覆冰的形成原理

已有研究表明，导线覆冰的形成原理概括起来为以下三个方面耦合作用的结果[15,16]。

1. 导线覆冰的热力学平衡原理

覆冰是液态过冷却水滴撞击导线表面释放潜热固化的物理过程，与热量的交换和传递密切相关。导线覆冰质量、厚度、密度都取决于覆冰表面的热平衡状态。目前，对架空导线的覆冰过程和预测模型研究仍基本采用基于热力学平衡的能量分析方法，通过建立导线覆冰热力学能量平衡关系，获得导线覆冰的判据、冰厚计算式和覆冰重量增长率等参数。

但是单独考虑热力学能量平衡关系不能揭示覆冰过程的特性和细节，且不能反映气象条件和地理环境对覆冰的影响，无法获得覆冰的准确形状，难以建立气象条件与导线覆冰之间的联系，从而不能满足对导线覆冰进行可靠预测的要求。

2. 导线覆冰的流体力学原理

从流体力学角度出发，导线覆冰过程是空气中的过冷却水滴与导线表面的摩擦碰撞过程，与环境温度、空气中液态水的含量、过冷却水滴直径、风速、风向、导线表面情况及直径大小相关，由此得到过冷却水滴与导线表面的碰撞系数、冻结系数和水滴的捕获系数以及导线覆冰厚度或重量的增长规律。

导线覆冰的流体力学模型建立及机理分析上存在的差异导致导线覆冰模型种类繁多，且各有特点及局限性。目前，部分导线覆冰模型建立在流体力学的基础上，但对于碰撞系数、冻结系数和捕获系数的计算方法尚未准确给出，有些是经验常数，因此流体力学类导线覆冰模型的适用性和准确性难以满足工程应用需求。

3. 导线覆冰的环境因素与电流、电场耦合作用原理

对于高压输电线路，不仅电流产生的热效应会对导线热平衡产生影响，不同电场强度对极性过冷却水滴在导线附近的运动轨迹也存在复杂的影响，进而影响到导线覆冰的结构和冰形。研究表明，增大电流强度可以减少覆冰质量。电场对导线覆冰的影响和电场强度有关，电场强度越高，碰撞率越高，造成导线覆冰越多，冰的密度越大。但进一步增大电场强度，极化变形水滴在邻近导线时的火花放电现象会导致水滴的分裂，造成覆冰平均密度降低。

三、我国导线覆冰的形成过程

每年的冬季和初春季节，我国北方冷空气与南方暖湿空气交汇，形成静止锋。

由于冷气团由北向南贴近地面插在暖湿气团下部，在静止锋影响范围内的大气中出现逆温现象，即从地面向上至静止锋线，温度先是在 0℃以下，往上由于暖湿气团的影响，温度反而升高至 0℃以上，再往上温度又降至 0℃以下。在冻结高度以上，空气中的水汽形成冰晶、雪花或过冷却水滴而下降。

在下降过程中穿过 0℃以上的暖湿气团时，过冷却水滴温度将升高，雪花和冰晶部分或全部融化；当继续下降时，又进入 0℃以下的大气层，此时一些直径较大的过冷却水滴可能会遇到尘埃，尘埃可作为凝结核，过冷却水滴就会变成冰粒落至地面。对于较小的过冷却水滴，会以较慢的速度落至地面层，形成"冻雨"。这种过冷却水滴很不稳定，它在风的作用下运动，一旦与地面上较冷的物体如导线或杆塔发生碰撞，就会发生变形，水滴表面弯曲程度减小，表面张力也相应减小，导线本身又可起到类似凝结核的作用，于是过冷却水滴就会在导线表面凝结成雨凇、雾凇或雨雾凇混合冻结。

一般而言，过冷却水滴越小，越易结成雾凇。若过冷却水滴较大，在海拔较低的地区，则易结成雨凇[17]。

第三节　覆冰分布特性

冬季大尺度气候特征、气候带以及地形分布均对覆冰条件(如气温、相对湿度、风速、风向等)有着直接影响，其综合作用使得我国覆冰分布极不均匀。我国的覆冰分布情况主要有如下特点[4]。

一、空间分布特点

我国覆冰多发生在华中和西南地区，其主要原因是华中和西南地区水汽充沛，冷暖气流在此交汇较为频繁，在山脉上空形成静止锋或准静止锋区，易形成严重覆冰；而我国北方地区气候干燥，较少出现重覆冰；南方地区冬季气候温暖，极少有接近 0℃的低温，因此很少满足覆冰所需的气象条件。华南的广东、广西局部地区，华北的河北、山西、内蒙古及京津地区，西北的青海，东北的辽宁等省(区、市)也偶有冰害发生。

二、时间分布特点

我国大部分地区覆冰一般发生在每年冬季 11 月到次年春季 3 月期间，主要集中在 1 月，而在入冬和倒春寒时发生强覆冰过程的频率最高。12 月和 1 月几乎是所有重覆冰地区平均气温最低的月份，易于形成覆冰过程，但湿度相对较小，覆冰发展速度缓慢，因此导线覆冰量级相对 11 月及 2 月、3 月较轻。而在 11 月、2月及 3 月初，由于湿度较高，虽然平均气温相对 1 月和 12 月略高，但导线覆冰较1 月更为严重。

[例 1-1]　四川某山区覆冰的时间分布。

四川某山区观冰站 2011～2016 年覆冰总频次的月变化和量级大于 10kg/m 的覆冰频次统计分别见图 1-12 和图 1-13。可以看出，该观冰站 2011～2016 年覆冰频次以 12 月和 1 月相对偏多，11 月和 2 月相对偏少，3 月最少。但从覆冰量级大于 10kg/m 的覆冰频次统计图来看，12 月和 1 月覆冰量级大于 10kg/m 的频次仅为3 次，远少于其他月份。

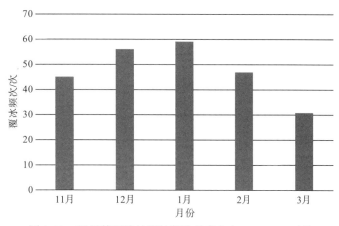

图 1-12　四川某观冰站覆冰频次月变化（2011～2016 年）

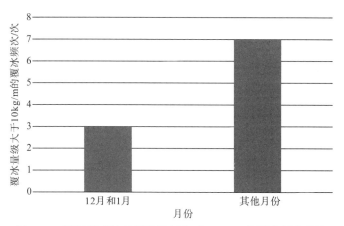

图 1-13　四川某观冰站覆冰量级大于 10kg/m 的覆冰频次统计

（2011～2016 年）

三、种类分布特点

从覆冰类型上看，我国大部分地区雨凇在每年 1 月和 2 月发生的频次较高，而雾凇频次较高的月份则在 11 月和 12 月。同时，雨凇和雾凇的空间分布具有较强的区域性特征，雨凇大部分出现在我国南方地区，尤其是长江以南的贵州、云南、江西、湖南、湖北、浙江、江西、福建等地，而雾凇主要出现在我国北方地区，以新疆北部、东北中部、华北东部、秦岭山区一带最多。

相对而言，雾凇的覆冰频次比雨凇多，且雾凇分布的空间范围比雨凇广[18]。根据作者多年的导线覆冰研究经验，在我国，雾凇因其密度小、较松脆、易脱落等物理特点，对输电线路的威胁不及雨凇和雨雾凇混合冻结。

[例 1-2] 贵州某山区覆冰的种类分布。

图 1-14 为贵州某山区观冰站 2012～2017 年不同类型覆冰的逐月分布。可以看出，雨雾凇混合冻结在各月出现的次数均为最多，占所有覆冰过程的 74%，1 月的次数大于 12 月和 2 月；其次为雾凇过程，占所有覆冰过程的 16%，12 月出现的次数最多，2 月未出现；雨凇过程最少，占所有覆冰过程的 10%，2 月出现的次数最多，1 月未出现。

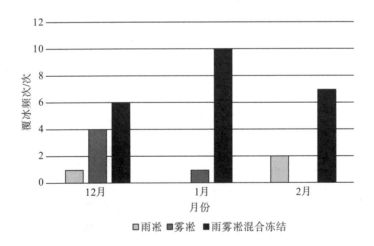

图 1-14 贵州某山区观冰站不同类型覆冰的逐月分布(2012～2017 年)

第二章 覆冰种类与辨识

导线覆冰是空气中水汽凝附在导线上形成的形态各异的冻结物。导线覆冰的科学分类与准确辨识是输电线路覆冰观测与查勘工作的基础。本章以西南院公司30余年的覆冰观测与研究成果为基础，详细介绍导线覆冰的分类、物理性质、影响因素以及辨识方法。

第一节 覆 冰 分 类

导线覆冰根据不同结构特性及形成条件可以分为雨凇、雾凇、雨雾凇混合冻结及湿雪四大类别。每种类别的覆冰依据不同形态特征，又可以进一步细分[19]。

一、雨凇

雨凇是由过冷却水滴或者过冷却雾滴碰撞在导线表面立即冻结而形成的坚硬冰层，它通常是透明的或毛玻璃状的紧密冰层。根据雨凇在导线上的凝聚形状，雨凇又可以分为梳状雨凇、椭圆状雨凇、匣状雨凇和锯齿状雨凇。

（一）梳状雨凇

梳状雨凇（图 2-1）是一种表面粗糙的玻璃状成层的冰，凝聚在导线的迎风面上。这类雨凇主要是由于粒径较小的过冷却水滴或者过冷却雾滴冻结很快，来不及铺散开来而形成的层状冻结物。

图 2-1 梳状雨凇

（二）椭圆状雨凇

椭圆状雨凇（图 2-2）是一种紧密的、玻璃状较均匀的冰层，主要凝聚在导线迎风面上，其横截面像一个椭圆状。椭圆状雨凇因密度较大，呈透明块状，结构坚硬。

图 2-2　椭圆状雨凇

（三）匣状雨凇

匣状雨凇（图 2-3）是由极紧密的似玻璃状冰构成的，结构坚硬，表面很光滑，在导线四周凝结得很均匀，这种雨凇密度大，附着力很强，形成时过冷却水滴粒径较大。另外，对单导线来说，迎风面有覆冰偏心，致使导线自由扭转而更换迎风面，覆冰量级越大，形状越易近似圆形。

图 2-3　匣状雨凇

（四）锯齿状雨凇

锯齿状雨凇（图2-4）同样是由极紧密的呈玻璃状冰构成的，结构坚硬，表面很光滑，最显著的特征是导线下方有悬垂的冰柱，呈锯齿状。在锯齿状雨凇形成时，由于过冷却水滴粒径大，覆冰的同时气温较高，水滴在完全冻结前，由于重力的作用在导线下方流动，形成悬垂冰柱。

图2-4　锯齿状雨凇

二、雾凇

雾凇指的是在空气中的水汽直接凝华或者过冷却雾滴直接冻结在导线上形成的乳白色冰晶。从形成条件来看，雾凇可以分为晶状雾凇和粒状雾凇。

（一）晶状雾凇

晶状雾凇（图2-5）由水汽凝华而成，为结构极其纤细的冰晶所构成的白色冻结物。晶状雾凇主要产生在无云或者薄云、温度低、无风或者风小而且空气中有轻雾或者有雾（比较少见）的气象条件下。晶状雾凇由轻雾或者雾中颗粒的水汽经凝华作用转化而成。我国西南地区雾凇以粒状雾凇为主，高山观冰站（点）偶尔可见晶状雾凇。

图 2-5　晶状雾凇

（二）粒状雾凇

粒状雾凇由过冷却雾滴凝附而成，具有微粒结构，颜色通常为白色或者灰白色。根据粒状雾凇在导线上凝聚的形状，又可分为针形粒状雾凇、扇形粒状雾凇和片形粒状雾凇。

1. 针形粒状雾凇

针形粒状雾凇（图 2-6）的针状部分只产生在导线表面某些点上并迎风增长，针形粒状雾凇结构疏松，较松脆。雾凇针细如毛发，由于风的扰动，各个雾凇针的倾斜程度不同，呈交错状。

图 2-6　针形粒状雾凇

2. 扇形粒状雾凇

扇形粒状雾凇(图2-7、图2-8)由雪花状的疏松微粒结构组成，主要在导线迎风面上生长，外形一般较为整齐，犹如导线上长出扇子或者羽毛。

图 2-7　扇形粒状雾凇(一)

图 2-8　扇形粒状雾凇(二)

3. 片形粒状雾凇

片形粒状雾凇(图 2-9)是一种结构较紧密的冻结物,由灰白色的成层微粒结构冰所组成,和梳状雨凇比较相似,这两者之间的主要差别在于覆冰密度,以及片形粒状雾凇没有梳状雨凇特有的毛玻璃状结构。

图 2-9   片形粒状雾凇

三、雨雾凇混合冻结

雨雾凇混合冻结是由雨凇和雾凇重叠或者多次交替重叠构成的冻结物。常见的雨雾凇混合冻结有雨凇上附着雾凇和多层雨雾凇交替冻结,分别见图2-10和图2-11。

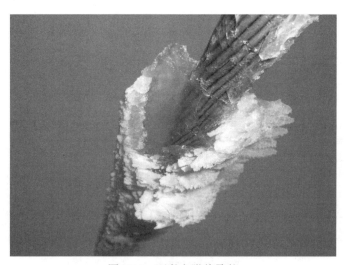

图 2-10   雨凇上附着雾凇

图 2-11　多层雨雾凇交替冻结

四、湿雪

雪分为干雪和湿雪，干雪是指表面没有融化的雪花，黏附性很弱；湿雪是雪花降落过程中经过气温稍高于冰点的近地层，雪花晶体出现部分融化，表面存在液态水，能黏附在导线上，见图 2-12。

图 2-12　湿雪

第二节　覆冰物理性质

导线覆冰物理性质与气象条件密切相关，不同种类导线覆冰的物理性质差异明显。本节对第二章第一节中分类的导线覆冰形状、色泽、密度、硬度和附着力等物理性质进行总结。

（一）导线覆冰形状

导线覆冰外部形状是指覆冰体的外部形态和轮廓，部分覆冰纵断面和横截面形状示意图见图 2-13。

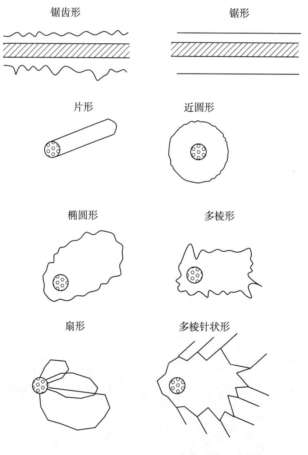

图 2-13　部分覆冰纵断面和横截面形状示意图

（二）导线覆冰色泽

雨凇的色泽主要呈透明或者半透明。粒状雾凇主要呈浑浊状或者灰白色，晶状雾凇主要呈白色。雨雾凇混合冻结外层主要呈灰白色或者白色，少部分外层为片形粒状雾凇的混合冻结呈浑浊状。湿雪主要呈白色。

（三）导线覆冰密度

导线覆冰密度与风速、空气中液态水含量和粒径等因素相关。一般而言，导线覆冰增长时间越长，覆冰的尺寸越大，覆冰的密度越低，尤其是雾凇。在接近导线的地方一般会形成片形粒状雾凇，在冰层的外侧逐渐形成扇形粒状雾凇，随着外侧直径或者表面积的增大会形成很大的空隙。

（四）导线覆冰硬度和附着力

导线覆冰硬度和附着力与覆冰密度相关性较大。雨凇的密度大，硬度上属于坚硬或者较坚硬，对导线附着力也大。粒状雾凇以及雨雾凇混合冻结密度小于雨凇，硬度上属于较坚硬，对导线附着力也较大。晶状雾凇和湿雪硬度上属于松脆或者松散，对导线附着力较小，容易脱落。

第三节　覆冰影响因素

在自然条件下，导线覆冰的形成受到气象条件、地形条件、地理环境、导线特性、线路走向与导线悬挂高度等多种因素影响。

一、气象条件

导线覆冰的形成首先是由气象条件决定的，导线覆冰是过冷却水滴或者过冷却雾滴在导线表面碰撞并且冻结而形成的。气温、水汽和风速等气象条件对导线覆冰性质和量级影响显著。

（一）气温

不同种类导线覆冰对应着不同的气温（表2-1），环境温度的改变也会造成导线覆冰种类的变化。

表 2-1   不同导线覆冰种类对应气温

覆冰类型	气温/℃
雨凇	−3.0～0
粒状雾凇	<−3.0
晶状雾凇	<−8.0
雨雾凇混合冻结	−9.0～−1.0
湿雪	−3.0～−1.0

（二）水汽

能够反映水汽条件的气象要素包括相对湿度、降水类型、降水量、能见度等常规气象要素，以及云雾液态水含量和粒径分布等微物理气象要素[20]。相对湿度是覆冰发展或维持的一个重要指标，覆冰期的相对湿度一般高于 88%[21]。降水类型是判断覆冰类型的一个重要依据，覆冰类型与降水类型的关系见表 2-2。

表 2-2   覆冰类型与降水类型的关系

覆冰类型	降水类型
雨凇	冻雨、毛毛雨或雾
粒状雾凇	毛毛雨、雾
晶状雾凇	雾
雨雾凇混合冻结	毛毛雨、雾、雪
湿雪	雪、雨夹雪

降水量对雨凇量级影响较大。能见度能够反映云雾液态水含量，是雾凇特性的重要衡量指标。

云雾液态水含量、粒径分布是建立水汽条件与覆冰量级之间关系的重要参数。云雾液态水含量越高，覆冰量级越大。云雾液态水粒径受气温影响显著，在雨凇形成时，由于气温通常较高，云雾液态水粒径较大，一般在 $10\sim40\mu m$；在粒状雾凇形成时，由于气温较低，云雾液态水粒径在 $1\sim20\mu m$，雨雾凇混合冻结形成的云雾液态水粒径一般在 $5\sim35\mu m$[22]。

（三）风速

导线覆冰在导线迎风面上逆风发展。风速对导线覆冰的影响在于：与导线垂直的方向风速越大，单位时间内运送到导线上的过冷却水滴数量越多，过冷却水滴碰撞速度越大，覆冰增长越快。但当风速大到一定程度时，过冷却水滴还未结冰就会被风吹走，导致冻结系数下降，从而使得覆冰增长率减缓[14]。导线覆冰发展过程中存在一种最适宜于导线覆冰发展的风速。

二、地形条件

地形对覆冰性质与覆冰量级有着重要影响。覆冰一般出现在山地，山地地形起伏多变，覆冰随之变化复杂。从丘陵、中海拔山地到高海拔山地，气候水平分布和垂直分布差异明显，覆冰差异也很大。

（一）大地形

1. 海拔

在相同气候区内，每一次的覆冰天气过程，大致存在一个覆冰起始高程，称为凝结高度。导线覆冰性质很大程度上受到海拔影响。在气候背景相近的同一个地理区域，海拔越高，温度越低，空气中过冷却水滴或者过冷却雾滴也就越小，越容易形成雨雾淞混合冻结和雾淞。

导线覆冰量级与海拔之间无显著对应关系，这主要是由于形成导线覆冰的水汽条件、风速条件随海拔分布有不确定性。在低、中海拔山区，一般而言山顶覆冰量级较半坡要大。但是在中、高海拔山区，导线覆冰并非一定随海拔升高而增大，例如，滇东北河谷区和西南部分山区，海拔 3200m 以上，云雾滞留时间较短，水汽条件较差，不易形成严重覆冰过程，而在海拔 2500～2800m 山腰地带，常常为气团抬升凝结高度，云雾易滞留，冰凌持续时间长，易形成严重覆冰，又称为腰凌。

2. 地势

高原向盆地或平原过渡的丘陵或低山地区易形成雨淞覆冰。例如，贵州地处云贵高原东北侧的斜坡地带，地势西高东低，冬季频繁南下的北方冷空气气团受云贵高原大地形的阻挡，在西南地区形成滇黔准静止锋。同时，南支槽的西南暖湿气流不断向北输送补充大量水汽，低层浅薄的冷空气与其上的暖湿空气形成逆温层，并有暖层配合，易产生雨淞覆冰天气。

气团运动会受地势影响，连绵的高大山体对冷锋有阻挡作用，可以形成地形准静止锋，如云贵高原上的昆明准静止锋，延长了覆冰过程，从而影响覆冰量级。

（二）微地形

不仅大地形对覆冰有重要影响，在易覆冰地区，微地形对覆冰的影响也比较突出，在同一山脉的不同地形，如风口、风口两侧、山岭、山顶、山腰、山麓，覆冰差异也很大，导线覆冰量级受微地形影响极大，一般输电线路冰灾事故多发生在局部微地形点。实测资料表明，具有气流通畅、风速偏大特性的迎风坡与背风坡、风口(垭口)及分水岭微地形，覆冰量级较一般地形大[23]。

1. 迎风坡与背风坡

山脉对气流有阻挡作用，当寒潮南下时，气流经迎风坡抬升凝结后，在背风坡下沉，导致迎风坡气温低于背风坡，降水多于背风坡，迎风坡形成覆冰的气温、水汽条件好于背风坡。因此，通常迎风坡覆冰较背风坡严重。通常情况下，迎风坡和背风坡越接近山顶，风速越大，覆冰越严重。山区大气的流场受地形扰动，风向变化复杂，因此山坡性质与覆冰过程主导风向、山脉的空间分布等因素有关，复杂山地的迎风坡与背风坡地形应采用典型覆冰过程期间实测或者数值模拟等方法来确定。

2. 风口

风口是指山脉之间的缺口或山岭顶部的凹口，当覆冰过程主导气流从缺(凹)口集中通过时，由于狭管效应，具有风速流畅、风速显著偏大的特性。一般而言，风口的收缩程度越大，风速越大，覆冰越严重。例如，雷波县山棱岗乡老林口垭口是典型的风口地形，观测到两次标准冰厚为 80mm 的特重覆冰，覆冰量级明显大于附近一般地形。

3. 分水岭

分水岭地形主要为长条形或带状连续的山体，周边较空旷，与覆冰期主导风向垂直或呈较大交角，气流到达山体不能从山体两侧绕流通过，而是被山岭前的坡地抬升并在山岭或山脊处集中流过。分水岭的山顶及迎风侧，气团翻山抬升凝结会加大水汽含量，加上风速较大，易形成严重覆冰。例如，云南省昆明市的拱王山脉为东西向连续带状山脉，是普渡河和小江的分水岭，覆冰相较附近一般山地严重。

三、地理环境

大水体、植被等地理环境因素对导线覆冰也有一定影响。

(1)大水体尤其是冷空气路径上的大水体，可以增加空气中的水汽含量，增大覆冰量级。例如，江西省的梅岭，海拔在 300～840m，其东北侧为大水体鄱阳湖，且处于冷空气路径中，为典型的大水体重冰区，2008 年冰灾时，500kV 南梦线在梅岭发生了严重覆冰事故。

(2)成片的高大植被能够削减风速，使得水汽通量减少，对覆冰有一定的减轻作用，有研究表明，成片的高大植被对覆冰有较明显的防护作用[23]。

四、导线特性

(一)导线线径

导线线径越大，过冷却水滴或者固态粒子受导线扰流越大，撞击导线概率越小，导线覆冰厚度增长速度越慢。西南院公司在二郎山观冰站(点)不同线径导线覆冰对比观测的成果表明，导线线径越大，单位长度导线上覆冰重量越大。

(二)导线刚度

覆冰在导线迎风面上逆风增长，导线承受扭转矩，导线刚度越小，导线越易扭转。如果导线可以扭转，如一条长的地线或者一根单导线上，覆冰会扭转形成圆形聚集物。当导线不能扭转时，如受到线夹固定的分裂导线，在风的作用下，覆冰会逆风发展，形成一个扇状或者椭圆状的结构。导线扭转便于覆冰在导线的各个侧面上更进一步聚集，从而促进覆冰增长。

五、线路走向与导线悬挂高度

(一)线路走向

导线覆冰与线路走向有关，这种关系本质上是线路走向与风向之间的关系。总体上，我国冬季覆冰期寒潮主要从东北或者西北方向入侵，一般而言东西向的导线覆冰量级要高于南北向的导线覆冰量级。线路走向与覆冰期主导风向越接近垂直，越易于覆冰增长。在山地区域，风向受山体分布影响显著，需要实地踏勘研究主导风向和线路走向之间的关系。

(二)导线悬挂高度

一般而言，在近地层一定高度范围内，风速随高度变化符合乘幂律，因此导线悬挂高度越高，风速越大，单位时间内捕获过冷却水滴数量越多，覆冰越严重。西南院公司在石板井、罗汉林、黄茅埂等多个观冰站(点)的观测成果表明，雨淞塔上层的导线覆冰量级总体上大于下层的导线覆冰量级。

第四节　覆冰种类辨识

覆冰种类辨识主要依据覆冰的物理性质和覆冰形成的气象条件，不同种类导线覆冰物理性质总结见表2-3。每种覆冰种类所固有的特性是由一定气象条件综合决定的，如果这些气象条件有所改变，会引起覆冰过程停止或者转变为其他性质覆冰。

表 2-3　不同种类导线覆冰物理性质

物理性质	雨凇	雾凇		雨雾凇混合冻结	湿雪
		粒状	晶状		
形状	椭圆状、匣形状梳状、锯齿状	针形、扇形、片形	毛绒形	多数分层	椭圆形
色泽	透明或半透明	白色、灰白色	白色	浑浊状、白色	白色
密度 /(g/cm³)	0.7~0.9	0.1~0.4	0~0.1	0.2~0.6	0.2~0.4
硬度	坚硬、较坚硬	较脆	松脆	较坚硬	松散
附着力	牢固	较牢固	易脱落	较牢固	能被强风吹掉

[例 2-1]　导线覆冰类型的判断。

某观冰点 LGJ-400 导线上覆冰样本见图 2-14，覆冰同时气温为-4.0℃，风速为 1.0m/s，风向为西北向，覆冰发展初期有毛毛雨，覆冰发展中后期气温进一步下降，有浓雾，经计算覆冰密度为 0.68g/cm³。试判断图 2-14 中导线覆冰类型。

图 2-14　某观冰点 LGJ-400 导线上覆冰样本

根据图 2-14 所示，该覆冰明显分为两层，结合覆冰期气温为-4.0℃以及降水类型为毛毛雨，可初步判定为雨雾凇混合冻结。进一步观察覆冰的物理性质，可见外层覆冰呈灰白色的羽扇状颗粒，为扇形粒状雾凇，内层覆冰呈透明状，较坚硬，为椭圆形雨凇，结合覆冰密度为 0.68g/cm³，可判定椭圆形雨凇占比约 80%。

第二篇 覆冰观测与记录

第三章　观冰站(点)的规划、选址和建设

输电线路观冰站(点)，是一种专门为输电线路通过复杂重冰区而建立的导线覆冰及气象观测站和观测点。观冰站多为中长期观测服务，可布置雨凇塔和地面气象观测场，观冰点则为短期观测服务，可布置雨凇架或简易观测装置。本章将详细介绍观冰站(点)规划、选址和建设等方面的原则和工作流程[24]，并举例说明一个观冰站选址的工作过程。

第一节　观冰站(点)规划

观冰站(点)的规划，应根据区域输电线路通道规划、工程设计需要、区域气候和地形特点、通道区域资料情况综合分析确定。为了得到规划输电线路通道区域不同气候与地形区域的覆冰特征及其分布规律，在规划的输电线路通道中，要按照气候和地形分区，选择有代表性的地点设立观冰站和观冰点。

一、规划原则

(1)观冰站(点)的规划应与电网规划建设相结合，根据输电线路通道规划提前布局，满足输电线路设计和运维需要。

(2)观冰站(点)的布置应尽量覆盖输电线路通道中资料缺乏的各类覆冰地理气候区和地形，应利于全面掌握输电线路通道区域的覆冰情况。

(3)观冰站设施齐全，观测年限较长，一个站应能代表一个地理气候类似的较大区域的覆冰特性。

(4)观冰点设施相对简易，观测时间较短，布置数量应能覆盖输电线路通道各类地形和不同海拔区间。

(5)观冰站与观冰点的规划布置应相互结合，并具有关联性，应利于覆冰数据的同步比较分析。

二、规划要点

观冰站(点)规划是按照系统规划的输电线路通道开展的，需要了解输电线路通道区域地理环境和气候特点，搜集区域相关资料，梳理输电线路通道沿线覆冰大致情况，最后拟定观冰站(点)规划布置方案。

(一)观冰站规划

查阅规划输电线路通道区域内相关地形和气象条件，收集输电线路通道区域内地形图和覆冰资料，结合覆冰踏勘经验、覆冰调查信息对区域覆冰情况进行综合分析，找出规划输电线路通道内的易覆冰区域，并按照地形气候分区将易覆冰区域分为不同的观测类型，即重点观测区域、一般观测区域，在重点观测区域进行观冰站方案的规划。

对重点观测区域进行详细的覆冰踏勘，踏勘内容主要包括覆冰区段和海拔、冬季覆冰起始时间和持续时间、覆冰量级、地形等，对踏勘结果进行反复论证，同时对各观测区域的交通、环境和居住条件进行普选、比选，结合规划输电线路通道已有覆冰资料、气候和地形分区情况，最后拟定观冰站布置的大致区域和数量，并提出1~3个备选方案。同时，所选地点交通应较方便，有可供观测人员起居生活的条件。

(二)观冰点规划

在规划输电线路通道不同观测类型的区域中，可规划建立多个观冰点。根据规划输电线路通道气候、地形和已有资料整理情况，在不同类型的观测区域中选取不同地形的代表地建立观冰点，包括一般地形和覆冰特别严重的微地形处。观冰点应具有局地区域气候的代表性，对输电线路通道具有较好的代表性和类比性。观冰点规划布置的数量和区段，应覆盖资料缺乏的易覆冰区域的不同典型地形和海拔区间。

第二节　观冰站(点)选址

由于山区地形复杂，随着工程设计阶段的进行，规划输电线路通道可能会出现变动，因此观冰站(点)位置的选择十分关键，观冰站(点)选址合理与否，直接影响到覆冰观测数据对线路工程的代表性与适用性。具体选址工作需要进行多个方面综合考虑比选，本节介绍观冰站(点)的选址原则与要点。

一、观冰站选址

观冰站一般是区域性测站，观测设施与项目齐全，观测年限较长。观冰站的观测数据是为长期积累区域覆冰基础数据，满足覆冰研究或直接为输电线路工程规划设计服务的。观测数据代表一个地理气候类似的较大区域覆冰特性的一般情况，如云南大包山观冰站代表乌蒙山中部滇东北区域、宁夏六盘山观冰站代表黄土高原中部六盘山脉区域等。

观冰站的选址一般遵循三原则，即覆冰严重、代表性好、生活方便，而且更倾向于选择覆冰严重的地点。因此，在选址过程中当满足以上三原则时，一般主要选择当地覆冰较重的地点建站，如选在区域内海拔最高的山顶或者覆冰最严重的山顶垭口等。过去建立的云南大包山观冰站、宁夏六盘山观冰站以及众多观冰站都是按照这种原则进行选址建设的。但这种原则不可避免地选择到微地形点，从而对区域覆冰缺乏普遍代表性。

近年来，随着大容量、高等级电网的建设，全国已经建立了多个观冰站，在总结过去经验的基础上，特别是对几条覆冰严重的特高压输电线路观冰站选址经验的总结，选址原则也逐步改进，更加满足代表性与适用性需要。西南院公司在国内首次系统科学地提出了观冰站选址原则。观冰站的选址一般通过普选、比选和优选三个阶段，最后确定观冰站地址(简称站址)。

(1)观冰站的设立，应根据工程设计或研究需要、工程区域的地形特性、气候特性以及邻近区域基本或一般气象站资料情况，综合考虑观冰站选址的合理性。

(2)站址选择对输电线路通道区域应具有良好的代表性，观冰站的覆冰天气和地形条件，与输电线路走廊区域应具有较好的相似性和类比性，观测数据与分析统计结果可移用到相邻路径走廊，满足观测资料的适用性。

(3)站址应选择在覆冰严重的一般地形处，每年冬季出现的覆冰过程较多，常年覆冰过程应在 2 次以上，覆冰量级较大，覆冰标准冰厚一般要大于 20mm，从而保证获取足够多的观测数据。

(4)站址选择应当同时考虑地形和气候的影响，根据输电线路通道区域的地形、气候分区来选择具有代表性的站址。微地形、微气候地点的覆冰量级往往明显大于其他一般地形区，因此观冰站应选在覆冰严重但又非严重微地形覆冰处，观冰站的观测数据应代表一个相对严重覆冰区域的一般情况。

(5)观冰站的观测场应平坦空旷，气流平直通畅，不受地物及林木的影响。

(6)目前覆冰观测主要采用人工方式，因此需要考虑观测人员工作和生活的便捷性。观冰站应选在附近有公路，离城镇或林场较近，便于车辆运送物资，同时附近也应当有工作或生活物资采购场所，能保证生活、安全，利于开展长期覆冰观测工作。

(7)站址还必须征得当地政府的同意与支持，并向地方气象主管机构报告备案，保证观测工作正常安全实施。

二、观冰点选址

观冰点的观测数据是为输电线路设计冰区计算或为区域覆冰特性研究服务的。观冰点一般是对输电线路规划走廊局部区段或微地形点的覆冰观测，观测数据代表一个特定的局部区域或地段。观冰点的观测设施相对简易，一般属于临时性的短期观测，观测年限一般为1~3年，每年冬季前建点、观测结束时撤点，对观冰点地址（简称点址）的调整相对容易。根据近年来特高压输电线路观冰点选址经验的总结，对观冰点的选址原则也进行了适宜性改进。输电线路观冰点选址原则，可总结归纳如下：

(1)观冰点应选在易覆冰区域，能在短期内为工程设计提供较多的、与观冰站同步的覆冰基础数据。观冰点覆冰标准冰厚量级每年度一般不小于10mm，常年覆冰过程在1次以上。

(2)所选观冰点的观测数据，对工程应用区域要有代表性，可供其直接引用或分析移用，点址尽可能选在路径走廊地区，无条件的要选在路径走廊附近并与其地形类似的区域。

(3)观冰点布置要覆盖路径走廊的各类地理气候区，在同一地理气候区内要覆盖各种微地形。微地形点一般位于寒潮路径区域山地的迎风坡、山岭、风口、背风坡、邻近湖泊等大水体的山地、盆地与山地的交汇地带。

(4)观冰点可建立在不同海拔区间的代表性地点。不同海拔区间的覆冰往往有所不同，因此应当选择不同海拔区间的具有代表性的地点来建立观冰点。较典型的海拔区间分类有低海拔(500~1200m)、中高海拔(1200~2000m)和高海拔(2000m以上)。当然也可根据实际需求以其他方式划分不同海拔区间，选择不同海拔区间来设点。

(5)观冰点一般应距离观测人员居住地较近，若条件限制距离较远，则应有便利的交通条件以利于观测人员较快地到达观冰点。由于观冰点一般处于山区，交通不便，若观冰点离观测人员居住地太远，观测人员到达观冰点将花费较多时间，不利于把握测冰时机，甚至有可能失去覆冰最大值观测机会。当条件限制观测人员不能居住在观冰点附近时，观冰点附近应当有通畅道路以便车辆快速到达。

(6)在输电线路走廊不同覆冰地域、不同地形及可能的输电线路通道方案要有代表性观冰点。

以四川某500kV输电线路通道的观冰站选址工作为例说明选址工作的流程。

[例 3-1]四川西南山地区域某观冰站选址。

　　某 500kV 输电线路通道经过四川西南山地区域，区域内冬季覆冰气候条件复杂，拟建设一个观冰站，需开展观冰站选址工作。已知该 500kV 输电线路在四川西南山地区域共有 5 个路径方案，通过技术人员实地踏勘、调查，综合分析 5 个路径方案的覆冰成因、大小、频率、性质和地形特点等，认为其中第 3 个路径方案对区域覆冰具有较好的代表性，路径海拔在 2000～3200m，因此沿此路径方案及附近初选了 5 个站址(图 3-1)，对这 5 个站址的基本情况进行复查和比较，见表 3-1。

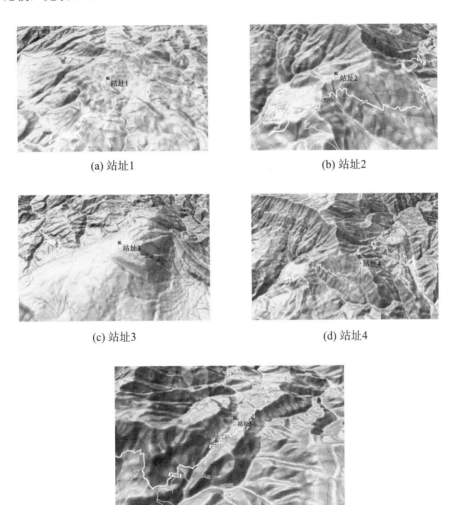

(a) 站址1　　　　　　　　　　　　　　(b) 站址2

(c) 站址3　　　　　　　　　　　　　　(d) 站址4

(e) 站址5

图 3-1　备选站址地形地貌

表 3-1　备选站址基本情况

序号	海拔/m	调查最大覆冰标准冰厚/mm	覆冰种类	地形类别	站址情况
站址 1	3250	30	雨凇、雾凇、雨雾凇混合冻结	高山平台	覆冰由冷锋和静止锋形成；冰雪严重，气候寒冷，站址地形开阔，植被良好；可较好地解决交通、生活和安全等问题；有待附近部队机关批准
站址 2	3000	40	雨凇、雾凇、雨雾凇混合冻结	小垭口	覆冰由冷锋和静止锋形成；冰雪严重，气候寒冷，站址地形开阔，植被良好；附近有公路道班、通信线巡线站和畜牧场，可解决交通、生活和安全等问题
站址 3	3950	30~50	湿雪、雾凇	山脊	覆冰由冷锋形成；冰雪极严重，气候严寒，站址地形开阔，植被差；交通和生活很困难
站址 4	2800	50~60	雨凇、雾凇、雨雾凇混合冻结	迎风坡	覆冰主要由静止锋形成；站址地势开阔，植被良好，交通方便，生活艰苦
站址 5	2000	60~80	雨凇、雾凇，雨雾凇混合冻结	小垭口	覆冰主要由地形(林区、垭口、风口)引起的局地小气候形成，场地狭小，布置受限；交通、生活困难

　　站址 1 和站址 3 两处海拔相对较高(3250m、3950m)，覆冰主要是由冷锋形成的，对工程路径海拔的代表性较差，调查最大覆冰量级也较小，故不推荐这两处站址。

　　站址 5 海拔相对较低，且覆冰主要是由地形引起的局部地区小气候形成的，缺乏一般地形的代表性，同时场地狭小，布置受限，因而不推荐该站址。

　　在对备选站址初选之后，进一步对站址 2 和站址 4 的覆冰情况和建站各项条件进行比较，见表 3-2。

表 3-2　站址 2 和站址 4 的覆冰情况和建站各项条件

站址	覆冰情况	覆冰成因	气候特点	位置、地形环境特征	生活交通条件	场地
站址 2	调查最大覆冰标准冰厚：40mm；频率：大覆冰过程出现机会少；覆冰性质：雨凇、雾凇、雨雾凇混合冻结；估计密度：0.3~0.6g/cm³	由冷锋和静止锋形成。静止锋出现机会少，为昆明准静止锋的上部边缘地带	日照多，降水少，干湿季节分明，川西高原气候	处于小垭口；植被主要是低矮的灌木和杂草；位于输电线路重冰区前部，不利于兼顾和利用全线重冰区观冰点	位于主干公路旁，冬季少封路；距离最近市区 50km；物资供应较方便	场地较狭小，不利于扩建；施工条件较好
站址 4	调查最大覆冰标准冰厚：50~60mm；频率：大覆冰过	受静止锋影响而形成严重覆冰，出现频率高	日照一般，降水较多，水汽充足，川西南山地气候	处于迎风坡的开阔地带；植被主要是森林；	位于主干公路旁，冬季多封路；距离最近的	场地较狭小，扩建受到一定限制；施工条件较

续表

站址	覆冰情况	覆冰成因	气候特点	位置、地形环境特征	生活交通条件	场地
	程出现机会多；覆冰性质：雨凇、雾凇、雨雾凇混合冻结；估计密度：0.5～0.7g/cm³			位于输电线路重冰区中部，便于兼顾全线重冰区观冰点	县城33km；物资供应相对较困难	好

　　站址4覆冰过程量级大，密度较大，大覆冰过程发生频率高且覆冰期较长；覆冰主要由地形准静止锋形成，不仅代表了输电线路重冰区的覆冰成因，对川西南大部分地区的覆冰成因也具有一定的代表性；海拔2800m，符合区域覆冰最严重高程段的调查结果，同时地势开阔，植被良好，水汽充足，有利于覆冰过程的发生；站址位于输电线路重冰区中部，便于兼顾全线重冰区观冰点。

　　站址2一般覆冰量级较小，大覆冰过程发生频率较低；覆冰少数由静止锋形成，且位于边缘地带，代表性相对较差；从植被上来看，水汽相对较小。相对比来看，站址4的覆冰条件和代表性优于站址2，仅生活物资供应和施工条件相对困难，但这两方面不是主要问题，可以通过其他方式解决。

　　通过以上站址比较和优选，推荐站址4作为代表区域的站址。

第三节　观冰站(点)建设

　　观冰站(点)建设主要包括了观测仪器选取、场地建设、设备布置等内容。观冰站的观测设施与项目齐全，建设较为复杂，投入成本较高，而观冰点的建设相对简单，投入成本较低。下面分别介绍观冰站和观冰点的建设。

一、观冰站建设

(一)观冰站设备

　　观冰站主要配备雨凇塔和地面气象观测场，并应配置相应的覆冰及气象观测的仪器设备。

　　仪器设备应根据工程设计需要与工程区域自然环境特点配置，不宜照搬国家基本或一般气象站的全套设施设备，以满足工程实用性为目的，有选择地配置相关设施与仪器设备。

　　仪器设备长期在恶劣自然环境下运行，可能导致其性能的改变，因此要选择在高海拔、低温、高湿和冰雪影响下性能稳定，并能长期可靠运行的仪器。仪器设备在运输过程中因各种因素可能导致系统性偏差，因此要选择经历运输、搬运等环节后仍能可靠工作的仪器。

观测仪器应通过法定计量部门检验合格，在观测使用期内应定期检验，在有效期内使用。

1. 雨凇塔

雨凇塔应由两组相互垂直的钢结构架组成，并应设置爬梯和护栏。雨凇塔应安全可靠、便于观测和维护，并应考虑覆冰、大风、雷电、地质等影响因素。雨凇塔设计荷载标准应不低于 50 年一遇。雨凇塔结构示意图见图 3-2。

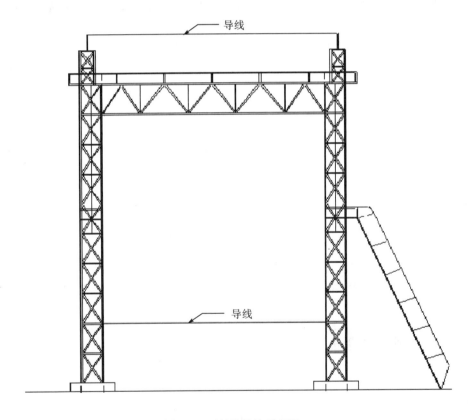

图 3-2　雨凇塔结构示意图

目前，国内已经建立了多座雨凇塔，不同时期建立的雨凇塔在样式构造方面有一定区别。图 3-3 是我国不同地区观冰站雨凇塔实景。

(a) 川西南

(b) 湘西

图 3-3 我国不同地区观冰站雨凇塔实景

(c) 川西高原

图 3-3　续

1) 雨凇塔高度

在总结国内建立观冰站观测经验的基础上，西南院公司在国内率先采用了
10m 高度来建设雨凇塔。这种高度导线覆冰不易受到地物的影响，由于雨凇塔高
度与建设难度、作业风险、投入成本成正比，采用 10m 高度可满足工程设计、作
业安全和建设经济性要求。经过多年的实际运行，多个观冰站的实践证明了雨凇
塔 10m 高度是比较合适的。若根据实际工程和研究需求，有其他高度的要求，雨
凇塔也可以按照其他高度来设计建造。

2) 导线悬挂高度

目前，为输电线路工程服务的观冰站的导线悬挂高度均为 10m，并且架空输
电线路设计冰厚采用的标准基本高度均为 10m，因此雨凇塔导线悬挂高度设为
10m 比较合适。另外，考虑到不同高度导线覆冰大小有区别，为对比不同高度的
差异也可在其他高度上悬挂导线，同时考虑适合人的身高便于取冰和快速观测的
原则，通常会在离地 2.2m 高度处另设一根导线。

3) 雨凇塔方向

早期雨凇塔布置方向一般为东西向和南北向两个方向，根据大量的覆冰观测
资料研究发现，导线覆冰大小受导线与风向夹角的影响较大。因此，在场地允许
的情况下，雨凇塔布置方向应为冬季主导风向的平行方向和垂直方向，以便获取
同一覆冰过程中不同方向的覆冰极值范围。

4) 导线线型

从 20 世纪 50 年代起气象部门开展的"电线积冰"观测是在 8#铁丝上进行的。
随着电力部门的观冰站增多，为适应架空输电线路勘测设计的需要，悬挂导线线

型主要选择 LGJ-400。

近年来，随着输电线路等级的提高，输电容量也越来越大，实际使用的导线截面越来越大，不同导线截面的导线覆冰可以换算得到。除 LGJ-400 线型以外，若需要同步观测多种线型的覆冰，可同时架设多种线型。若需要开展多种线径覆冰对比观测，导线间距应大于 50cm，防止两种线型的覆冰在大覆冰过程中冻结在一起或产生遮蔽影响。

5) 雨凇塔档距

早期雨凇塔布置档距一般采用 5m。一些区域的覆冰持续过程较长，覆冰量级较大，当雨凇塔档距较小，遇到覆冰过程持续时间较长需要多次测冰时，可能导致冰样不够而失去测量覆冰极值的机会。根据雪峰山、罗汉林等观冰站的观测经验，雨凇塔布置档距为 10m 比较合适。

综上所述，雨凇塔的基本设计原则可考虑以下几点：①离地高度宜为 10m；②布置方向宜为平行与垂直于冬季主导风向；③导线型号宜为 LGJ-400，悬挂高度应为离地 2.2m 与 10m；④雨凇塔布置档距宜为 10m。

2. 地面气象观测场

地面气象观测场的场地为 16m×20m，场地平整，保持自然状态，设置观测便道，四周设 1.2m 高稀疏围栏，并设置防雷设施；观测仪器性能指标与布置应符合《地面气象观测规范》(GB/T 35221—2017～GB/T 35237—2017)要求。

根据气象部门的观测场设计，地面气象观测场有 20m×20m 和 16m×20m 两种。观冰站一般处于山区，受地形限制，地面气象观测场不宜采用较大场地。而且观冰所用的气象要素仪器也没有基本气象站的多，也无须较大场地来布置仪器。因此，采用 16m×20m 场地比较合适。

覆冰与气温、气压、降水、湿度、风速、风向、日照等气象要素关系密切，地面气象观测场应配置的仪器有干湿球温度表、温度计、湿度计、气压计、雨量计、风速风向自记仪、日照计等。

3. 其他设备

观冰站除了观测导线覆冰以外，为更好地为工程设计或覆冰研究服务，有时还需增加其他观测项目，如绝缘子串的覆冰观测。绝缘子串观测架一般离地 6m 高，分别垂直悬挂 I、V 串型的绝缘子，绝缘子按使用材质主要分为陶瓷绝缘子、玻璃绝缘子、复合绝缘子等类型。

当观冰站开展覆冰自动观测时，需配备能在低温、高湿和冰雪条件下可靠、稳定运行的自动观测仪器。

观冰站还需配备日常测量用具，包括游标卡尺、冰盒、取冰刀、秤及测量体积的量杯等。

因覆冰观测作业存在一定安全风险，为保障上雨凇塔测量的人员安全还应配备安全器具。

（二）场地建设

为保证观冰站正常开展长期观测，在建设观冰站时需考虑其实际应用功能，具备必要的生活起居设施及低温高寒山区保温条件，同时考虑必要的交通、水源条件，建造排水沟和围墙等。征用观冰站占地面积不宜低于 1 亩[①]，例如，我国导线覆冰观测持续时间最长的黄茅埂观冰站站址占地面积达 7 亩，观测及居住建筑面积达 $200m^2$ 以上。

（三）设备布置

建设一个观冰站关键在于对雨凇塔、地面观测场和生活工作用房位置的合理规划。首先应平整场地，清除障碍，判明站址区域覆冰期的主导风向，雨凇塔位置应布置在该主导风向的前端，气象观测场应布置在与雨凇塔平行的位置，两者均应设在覆冰期主导风向的上风向位置，避免受其他地物遮挡影响；工作生活用房宜建在背风一侧或下风向位置，距离雨凇塔不小于 100m，平房为宜。其余设施，如车库、蓄水池、仓库等，可视场地大小因地制宜。常规气象观测场布置原则参考《地面气象观测规范》（GB/T 35221—2017～GB/T 35237—2017）。下面给出已建观冰站设备和气象观测场的平面布置作为参考，某观冰站设备平面布置示意图见图 3-4，某观冰站实景图见图 3-5，某观冰站常规气象观测场平面布置示意图见图 3-6。

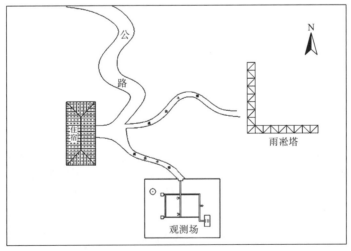

图 3-4　观冰站设备平面布置示意图

---

① 1 亩=666.7 平方米。

图 3-5 某观冰站实景图

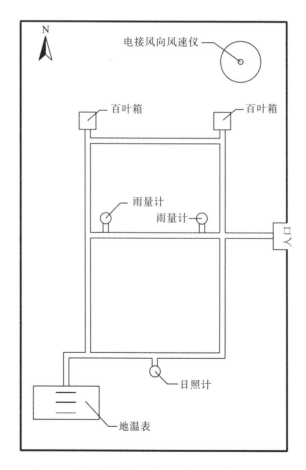

图 3-6 某观冰站常规气象观测场平面布置示意图

二、观冰点建设

观冰点覆冰观测设备为雨凇架，对于有条件的观冰点，可配置性能可靠的导线覆冰自动观测仪器；气象观测设备为便携式或可移动式气象观测仪。

观冰点分为有人值守和无人值守两种方式。一般情况下为有人值守观冰点，只有在自然条件极其恶劣无法安排人员驻点值守或仅配置自动观测设备情况下才采用无人值守方式。有人值守观冰点由驻点人员根据覆冰情况随时进行覆冰观测，无人值守观冰点由观测人员巡测。观冰点的观测设施应在覆冰期开始前安装于观冰点位置。

雨凇架应由两组相互垂直的角钢组成，两组角钢之间安装一根导线，导线呈"L"形排列，导线方向的布置一般按东西向和南北向两个方向架设。若点址受地形条件的限制（包括山脉走向），或者某段重冰线路受特殊微地形要素的影响等，观测导线的架设可与规划线路平行或垂直于覆冰主导风向。观测导线架设离地高度为2.2m，档距一般为3～5m，导线型号一般选用LGJ-400。

观冰点固定设备有雨凇架或覆冰自动观测仪器，因此场地较小。在选好点址后，建设时首先辨明东西向和南北向，有条件时辨明冬季覆冰期主导风向的平行方向和垂直方向，将雨凇架的两条导线按照相应方向架设，以铁丝为拉线加以固定。在雨凇架布置过程中，要充分利用地形，尽量避免周围地物的遮蔽影响，尽量减少对周围环境、植被的破坏，清除对雨凇架有遮挡的树枝。在交通不便、人迹罕至的高山大岭，可使用导线覆冰自动观测仪器。某观冰点实景见图3-7。

图3-7　某观冰点实景

三、其他设施和条件

观冰站(点)一般多位于远离城镇的高寒地带,冬季气候恶劣,冰雪覆盖,风速大,天气潮湿寒冷。因此,除了观测设备以外,还应为观测人员的生活和安全配置相关设施并创造观测条件:

(1)观冰站工作、生活用房应具备可靠的供电、供暖设施。

(2)一般应尽可能使用民用电网线路供电,当无法满足时,应配置发电机。

(3)应提供电暖器、电炉或煤炉等采暖设备。

(4)应保证干净的供水设施。

(5)观测人员驻地到观测场以及附近公路,应当有便道连接。

(6)为防止覆冰期间雨凇塔上冰体掉落砸伤观测人员,应为观测人员配置安全帽,为防止观测作业时观测人员滑倒或坠伤应配置安全带、防滑鞋和冰爪等用品。雨凇塔的防护栏高度不应低于1.1m,同时,雨凇塔上应悬挂安全警示牌。

(7)为防止煤炉取暖时一氧化碳中毒,还应在室内配备一氧化碳报警器等;在观测人员驻地区域内,配置消防器材;若观冰站采用发电机发电,还应设立专门的油料库,隔离燃油和火源。

观冰点大多地处无人区,应结合实际情况参考以上内容配备设施,此外,应设置覆冰观测器材的安全栓,为观测人员配置防滑鞋和冰爪等防滑用品,修缮驻地与观冰点之间连接的小路,防止观测人员往返途中出现滑落伤害。

第四章 观冰站(点)覆冰观测

输电线路工程规划路径区域实测覆冰资料短缺，常常不能满足工程设计的需要。为了全面、准确地掌握工程区域的覆冰条件，为设计提供可靠的覆冰基础资料，对于缺乏覆冰资料的重冰区输电线路，一般需要建立观冰站(点)对导线覆冰进行专项观测[24]。

第一节 观测内容和方法

一、观测内容

(一)观冰站的观测内容

观冰站的观测内容主要为覆冰过程极值及相关气象要素的连续观测，其具体项目应包括如下几项。

(1)导线覆冰观测项目：覆冰种类、长径、短径、外部形状、围长、每米覆冰重量、覆冰过程起止时间与测冰时间。各观测项目的含义见表4-1。

表 4-1 导线覆冰观测项目的含义

项目名称	含义
覆冰种类	按覆冰的结构特性和形成条件进行覆冰归类，详见第二章
长径	在导线横截面垂直于导线上冰层最大的长度数值，包括导线在内
短径	在导线横截面垂直于冰层长径方向上的最大数值
外部形状	覆冰体的外部形态和轮廓，包括纵断面和横截面的形状
围长	覆冰体横截面的长度
每米覆冰重量	每米导线上的覆冰重量，通过测量较短长度的覆冰重量换算成1m导线上的覆冰重量
覆冰过程起止时间	自覆冰发生发展到完全消融的时间记录
测冰时间	每次测量覆冰的时间记录

(2)导线覆冰气象要素：气温、湿度、风向、风速、气压、降水量、能见度、日照、雪深和天气现象等。可根据工程设计和研究项目的实际需求调整气象要素

的观测项目。

(3)有条件时应对比观测导线覆冰与周围地物如通信光缆、拉线、树枝的覆冰。

(二)观冰点的观测内容

观冰点的观测内容主要为覆冰过程极值及测冰同时气象要素,其具体项目应包括如下几项。

(1)导线覆冰观测项目:覆冰种类、长径、短径、截面形状与面积、每米覆冰重量,覆冰过程起止时间与测冰时间。

(2)导线覆冰气象要素:气温、风向、风速、雪深和天气现象等。

二、观测方法

电力工程项目的覆冰观测方法分为人工观测和自动观测,人工观测又分为人工目测和人工器测。按观测期限,覆冰观测可分为临时观测和长期观测;按观测内容,覆冰观测可分为单要素观测和多要素综合性观测;按测点形式,覆冰观测可分为定点观测和随机巡测。

第二节　观冰站覆冰观测

观冰站覆冰观测的工作主要是对布置在观冰站内的项目进行逐项观测。本节介绍观冰站覆冰观测的常用设备、观测项目与流程、观测注意事项、观测记录和观测年限。

一、常用设备

观冰站覆冰观测常用设备配置见表4-2。

表4-2　观冰站覆冰观测常用设备配置

序号	名称	备注
1	雨凇塔	覆冰观测专用铁塔
2	长度测量工具	游标卡尺、电子游标卡尺、卷尺、软尺等
3	取冰专用工具	刮冰刀、盒箱(25cm长)等
4	质量测量工具	电子秤、量杯等
5	便携式计算机	数据记录、计算分析
6	数码器材	覆冰影像记录

二、观测项目与流程

(一)观测项目

覆冰观测的主要任务是测量覆冰过程中最大覆冰的长径、短径与重量。雨凇塔覆冰观测具体项目除了本章第一节所列项目外,还可根据覆冰研究需要开展部分特殊观测项目:冰雪导电率观测、覆冰增长率、绝缘子串覆冰观测(I、V 串)、不同悬挂高度导线覆冰、不同线径导线覆冰、不同方向导线覆冰、不同分裂导线覆冰以及不同材质导线覆冰等试验观测。

1. 导线覆冰长径、短径和围长观测

(1)测量覆冰长径和短径,用游标卡尺在导线上测量,数值以毫米(mm)为单位。当导线上覆冰大小分布差异较大时,可分别测量几组长径、短径、截面面积数据求其平均值。各种覆冰截面长径和短径测量方法见图 4-1。

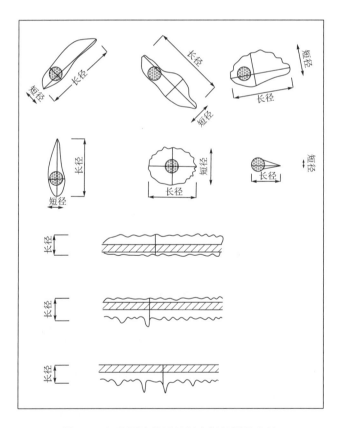

图 4-1   各种覆冰截面长径和短径测量方法

(2)测量覆冰围长,应在垂直导线方向将冰体削出一个整齐截面,测量其形状及围长。

2.导线覆冰重量观测

(1)测量标准:当各种覆冰长径达到或超过表4-3所示标准时,应测量覆冰长径、短径及重量;当覆冰长径小于表4-3所示标准时,应测量覆冰长径和短径。

表4-3　覆冰测重标准

覆冰种类	覆冰长径/mm
雨凇	50
雾凇或雨雾凇混合冻结	55

(2)测量方法:用盒箱(长度25cm)轻轻卡住导线,用刮冰刀小心取下冰体,连同盒箱一起称重,扣除盒箱重量得到覆冰重量,精确到克。每米覆冰重量按下列公式计算:

$$G = \frac{100}{L} \times G_{L} \tag{4-1}$$

式中,G——覆冰重量,g;

　　　L——覆冰体长度,cm;

　　　G_{L}——冰体净重,g。

(二)观测流程

一般情况下,观冰站覆冰气象观测操作程序如下:

(1)观测干球温度、湿球温度、风速、风向、能见度、天气现象等。

(2)测量覆冰长径、短径,记录测冰时间。

(3)勾绘截面形状。

(4)取冰样称重或将冰样置入量杯测量体积与重量。

在覆冰增长很快与覆冰即将脱落时,可改变观测程序,首先测量覆冰的长径、短径与重量,然后测量其他项目。

三、观测注意事项

(1)在对导线覆冰进行观测时,首先要确定观测时机。一次覆冰过程,一般可以划分为覆冰发展期、覆冰保持期和覆冰消融期三个阶段。覆冰发展期是指导线上覆冰不断增长的阶段,湿雪与雾凇覆冰在发展过程中可能出现部分被风吹落的情况,仍记为覆冰发展期;覆冰保持期是指覆冰停止发展,其形状基本保持不变的阶段，覆冰保持期可能在两个发展期之间出现，也可能在停止发展后开始消融前出现，覆冰保持期可能从几分钟至几天，有时覆冰发展期刚结束就开始消融；覆冰消融期是指覆冰停止发展，并不断融化脱落的阶段，多为气温回升、云雾消散所导致。覆冰过程观测需要准确把握覆冰发展阶段的变化。

(2)一次覆冰过程的发展、保持、消融等几个阶段可能依次出现，也可能反复交替出现，时间长短不一。一般覆冰在总的发展过程中，会夹杂出现一些小的崩溃现象，只有当覆冰发展到本次过程的最大时，在随之而来的脱冰之前，才是进行本次覆冰过程最大覆冰的测定时机。这个时机要在加强跟踪观察的基础上，结合天气变化和观测经验具体确定。

(3)覆冰长径与短径、截面形状与面积、重量测量时间，应在跟踪覆冰发展、保持循环变化过程中，在覆冰消融前及时观测。当难以准确预判时，可适当增加取样观测次数，以确保观测到覆冰过程最大值。

(4)当天气过程变化，导致覆冰在发展、保持循环变化过程中出现部分脱冰或短暂融化并继续覆冰时，应增加测冰次数。

(5)覆冰长径与短径一般用游标卡尺测量，当数字游标卡尺无法满足覆冰长、短径的测量时，可选用手工尺完成测量。一般覆冰长径大于短径。当覆冰呈圆形时，覆冰长径等于短径。在导线直径较大，覆冰又较小的情况下，覆冰短径可能小于导线直径。

(6)覆冰横截面面积与围长测量。将导线覆冰体削出一个整齐截面，将米格纸套入导线，用铅笔勾绘其形状，可计算其截面面积和围长。

(7)覆冰重量测量。将冰盒置于覆冰体下方，将25cm长度导线上的冰体用刮冰刀小心地刮入冰盒称重，或将冰样置入量杯测量体积与重量。当导线覆冰为雨凇时，应用刮冰刀轻轻刮下冰层；当导线覆冰为雾凇或雨雾凇混合冻结时，覆冰截面往往较大，此时应将盒箱从导线下方水平端好，用刮冰刀把冰层轻轻刮入盒箱，切忌用盒箱猛扣导线来回刮冰，以致引起振动，把其他冰体抖掉。

(8)当多次测冰后所剩冰体长度不足25cm时，应取10cm长度冰体称重。

(9)冰体的表面除雨凇较光滑平整外，雾凇和雨雾凇混合冻结均是参差不齐的，因此导线上各点冰体截面不完全相同。为获得均值，在一般情况下，冰体长径和短径应在导线的中央部分测量。冰体上的隆突部分，如冰溜、冰柱、冰针等，若数量很少，测量时可不考虑；若隆突部分数量较多，分布较密，测量时要适当加以平均(选择代表段测量)。

四、观测记录

覆冰观测工作完成后，将各观测值记录到附录 A 雨凇塔(架)导线覆冰记录簿中。导线覆冰观测数据应使用铅笔(H)记录,对数据的改正,应划改,不得涂、擦、刮、贴。封面填写站(点)名、层数、册号和时间,内容依次包括观测时间、覆冰种类、导线方向、导线离地高度、导线型号、长径、短径、截面积、总重、盒重、净重、每米覆冰重量、同时气象要素、覆冰特性以及覆冰过程等记录,最后由观测人员和记录人员分别签字确认。

在记录过程中需注意以下问题:

(1)覆冰种类分为雨凇(∞)、雾凇(V)、雨雾凇混合冻结(∞V)和湿雪(*)四类,按照第二章中所述每种类型特点进行确认,记录相应符号。

(2)导线方向、导线离地高度和导线型号记录所观测的导线方向、离地高度和型号。

(3)长径、短径和截面积按照规定方法测量,当测量有多组数据时,应取其平均值作为观测值,单位为毫米(mm)。

(4)总重为取冰冰盒和冰体的合计重量,盒重记录冰盒重量,净重为总重与盒重之差,常规取冰长度为25cm,当所取冰体为其他长度时,应在备注栏内注明冰体长度,每米覆冰重量为净重换算成1m导线上的覆冰重量,单位为克(g)。

(5)同时气象要素记录覆冰观测同时的气温、风向、风速、雪深和天气现象等。

(6)覆冰特性记录覆冰种类及其占比、覆冰内部结构和外部形状等,覆冰种类判别详见第二章。

(7)覆冰过程记录包括覆冰种类、发展阶段及覆冰时间。发展阶段包括发展期、保持期和消融期三个阶段。各覆冰阶段及覆冰种类记录符号见表4-4。一次覆冰过程分为单种覆冰过程和复杂覆冰过程。

表4-4 覆冰阶段及覆冰种类记录符号

覆冰种类	覆冰阶段		
	发展	保持	消融
雨凇(∞)	∞_f	∞_b	∞_x
雾凇(V)	V_f	V_b	V_x
雨雾凇混合冻结(∞V)	∞V_f	∞V_b	∞V_x
湿雪(*)	$\underline{*}_f$	$\underline{*}_b$	$\underline{*}_x$

注:下标 f 表示"发展",b 表示"保持",x 表示"消融"。

单种覆冰过程记录,如黄茅埂观冰站 1989 年第 63 次雨凇过程,4 月 13 日 17 时 50 分开始至 14 日 12 时止,记录为

$$1989y4m13d\infty_f17^{50}\text{-}14d\infty_b8^{52}\text{-}\infty_x10^{58}\text{-}12^{00}$$

复杂覆冰过程覆冰记录,黄茅埂观冰站 1988 年第 37 次雨雾凇混合冻结覆冰过程,2 月 27 日 16 时 30 分开始至 3 月 7 日 13 时 10 分止,记录为

$1988y2m27d\infty_f16^{30}- V_f20^{30}-28d\infty\ V_b11^{18}- V_f12^{55}-29d\infty\ V_b12^{50}- V_f15^{30}-3m1d$
$\infty V_b22^{42}-2d V_f6^{14}-\infty\ V_b8^{05}- V_f9^{15}-\infty\ V_b10^{30}-3d V_f0^{53}-\infty\ V_b10^{30}- V_f12^{50}-\infty\ V_b18^{30}$
$- V_f23^{02}-4d\infty\ V_b0^{35}- V_f4^{18}-6d\infty\ V_b7^{11}-\infty\ V_x10^{50}- V_f14-7d\infty\ V_b10-\infty\ V_x10^{18}-13^{10}$

（8）当观测设备或架设条件发生变化以及覆冰在发展、保持循环变化过程中出现部分脱冰等情况时，应在备注栏注明。

[例 4-1]四川西南山区某观冰站覆冰观测记录。

四川西南山区某观冰站 2008 年 1 月 9 日雨凇塔二层导线的某次覆冰观测记录如表 4-5 所示。

表 4-5　雨凇塔二层导线覆冰观测记录

观测时间	1 月 9 日 11 时 56 分					备注
覆冰种类	∞					
导线方向	A（东西）			B（南北）		
导线离地高度/m	5			5		
导线型号	LGJ-630			LGJ-630		
长径/mm	56			51		
短径/mm	43			40		
截面积/mm²	/			/		/
总重/g	1150			1100		
盒重/g	1000			1000		
净重/g	150			100		
每米覆冰重量/(g/m)	600			400		
同时气象要素	气温/℃	风向	风速/(m/s)	雪深/cm	天气现象	/
	-4.3	S	1.3	2.0	≡∞✳	
覆冰特性 覆冰种类及其占比	纯 ∞100%			纯 ∞100%		
覆冰内部结构	透明、坚硬、块状			透明、坚硬、块状		/
覆冰外部形状	扁平状			扁平状		
覆冰过程 A 方向	2008y1m7d∞_f1^{00}-8d∞_b8^{00}-9d∞_b8^{00}-∞_f16^{30}-10d∞_b8^{00}-∞_x10^{30}-12^{30}					过程持续时间：4h30min
B 方向	同 A 方向					

其中覆冰过程记录表示此次覆冰过程从 2008 年 1 月 7 日凌晨 1:00 开始雨凇发展，8 日早上 8:00 保持，9 日早上 8:00 保持，9 日下午 16:30 雨凇发展，

10 日早上 8:00 保持，10 日上午 10:30 开始消融直到 12:30 完全崩溃。

五、观测年限

观冰站覆冰观测年限不宜太短，根据输电线路工程实际与研究需要，观冰站的观测年限一般应不少于 5 年。

第三节　观冰点覆冰观测

观冰点一般是对输电线路规划走廊局部区段或微地形点的覆冰观测，观测数据代表一个特定的局部区域或地段，能在短期内为工程设计提供较多的、与观冰站同步的覆冰数据。

一、常用设备

观冰点覆冰观测常用的设备配置参见表 4-6。

表 4-6　观冰点覆冰观测常用的设备配置

序号	名称	备注
1	雨凇架	覆冰观测专用钢架
2	自动覆冰观测仪	常配置在覆冰过程频繁、自然条件极其恶劣的观冰点
3	长度测量工具	游标卡尺、电子游标卡尺、卷尺、软尺等
4	取冰专用工具	刮冰刀、盒箱等
5	重量测量工具	电子秤等
6	便携式计算机	数据记录、计算分析
7	数码器材	覆冰影像记录

覆冰观测取冰专用盒箱(直径为 15cm)示意图如图 4-2 所示。

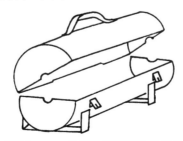

图 4-2　直径为 15cm 的覆冰观测取冰专用盒箱示意图

二、观测项目、流程、记录与年限

观冰点覆冰观测项目除了本章第一节所列项目外，一般需开展不同地形覆冰对比观测，包括一般地形和微地形。

观冰点覆冰观测程序和方法与观冰站覆冰观测一致，观测记录方法与观冰站基本一致，观测内容相对简单且无须记录覆冰过程，重点观测覆冰过程极值。

观冰点的观测年限可视实际工程和项目需求而定，一般为1～3年，应不少于1个覆冰期。重要的参考观冰点可以适当延长观测年限，与区域观冰站的观测年限同步。

第五章　输电线路导线覆冰观测

　　我国电网纵横交错、分散广泛，特别是易遭受低温雨雪天气的影响、地形复杂地区的架空输电线路，其运行环境恶劣，覆冰严重，运维管理难度大，覆冰严重威胁线路的安全运行。及时掌握架空输电线路的覆冰情况，并采取有效的应对措施，有利于降低覆冰对电网运行的不利影响，从而保障电网系统的安全、稳定运行。通过开展线路的实时覆冰观测和预警，制订合理、可靠的线路抗冰运维管理方案，是推进电网科学化防冰减灾的一项重要基础工作。

第一节　观测内容和设备

　　输电线路导线覆冰观测的对象按线路状态可分为试验线路和冰害线路。实施的主体一般为设计单位、科研院所、电力施工单位、线路管理和运行单位等。

　　(一)观测内容

　　(1)试验线路导线覆冰观测的基本内容有：导线覆冰的种类,从覆冰开始发展、保持至消融全过程的覆冰重量；覆冰过程中试验线路各导线悬挂点的张力；悬垂绝缘子串导线悬点偏移距离；塔头位移距离及导线扭转角度等；导线覆冰两档 1/2 处的风速对比值和弧垂变化值，导线覆冰振动、舞动及脱冰跳跃轨迹，覆冰期气象要素及天气现象，以及根据试验要求所开展的其他特殊观测项目。

　　(2)冰害线路导线覆冰观测的基本内容有：导线、拉线、塔材及其他地物上的覆冰要素，包括覆冰长径、短径、重量、围长以及覆冰期气象要素与天气现象，导线覆冰种类、外部形状与内部结构，以及根据需要所开展的其他特殊观测项目。

　　(二)观测设备

　　根据架空输电线路的客观条件与观测需求，可灵活选用不同的观测设备，也可选用多种观测设备相结合的组合模式。现阶段，可服务于架空输电线路的观测设备主要有人工、自动和新型的观测设备，2008 年及以前的人工观测设备应用广泛，随着近年来科学技术的进步，自动观测设备与新型的观测设备得以研发，但传感技术、通信技术、电源和抗干扰技术等方面仍然制约着这些设备使用的稳定性。

1. 人工观测设备

人工观测设备与第四章观冰站(点)覆冰观测的设备类似，常用的设备有：雨凇塔(架)、取冰盒箱、手动尺(游标卡尺、钢卷尺或直尺)、取冰刀、秤(杆秤、弹簧秤或电子秤)、轻便综合观测仪(压、温、湿、风向风速仪)、数码相机或摄像机、记录笔、记录纸等。当条件允许时，还可配备以下物品：海拔仪、指南针、手持全球定位系统(global positioning system，GPS)、登高梯、对讲机等。

2. 自动观测(监测)设备

覆冰自动观测(监测)设备根据运行方式的不同，可分为线上监测设备和线下监测设备；根据自动观测(监测)设备运行原理的不同，可分为应力感应式和影像监控式。线上监测设备由于直接安装于线路铁塔与导线连接处，所测数据直接反映了导线实际悬挂条件下的覆冰参数。但由于线路档内导线较长，在覆冰期受覆冰与风共同作用，导线存在明显振荡、舞动和跳跃，这些都会影响应力感应结果，线上监测设备难以剔除其他因素的作用导致准确度较低。由于严重覆冰过程期间，通常为雨雪浓雾天气，能见度很低，影像监控设备难以获取清晰影像，通过图像监测覆冰尺寸难以准确换算覆冰量级。线下监测设备虽架设高度与导线存在差异，但因其观测导线很短，一般仅为 2～4m，受风作用影响小，不会出现明显导线振荡、舞动和跳跃，通过应力监测反映覆冰量级的准确度较高，而且便于检修和维护。西南院公司自主研发的自动覆冰观测系统实现了对导线覆冰的全天候监测，通过多点测试运行，效果良好。该套系统具有稳定性好、精度高、续航能力强和数据实时传输的特点。西南院公司自主研发的覆冰自动观测系统见图 5-1。

图 5-1   西南院公司自主研发的覆冰自动观测系统

3. 其他新型的观测设备

除人工观测设备与自动观测(监测)设备外,随着科技的发展与新型技术产品的研发与应用,近年来可应用于输电线路导线覆冰观测的设备越来越多,例如,利用无人机技术,对线路指定区段开展覆冰影像航拍;运用激光技术测量导线覆冰厚度值的观测仪。由于新设备技术条件和精度水平限制,目前都还难以大规模应用于线路的全天候覆冰监测。

第二节　试验线路导线覆冰观测

建立模拟试验线路进行覆冰观测是为覆冰线路设计提供尽可能实际的导线覆冰状况下铁塔、导地线、金具的受力情况,以及导地线覆冰后弧垂变化,覆冰舞动、振动、脱冰跳跃轨迹、悬垂绝缘子串偏移等资料,为线路重冰区段的铁塔及基础规划、导地线选型等积累基本数据。

(一)观测规模

试验线路导线覆冰观测的规模可根据任务需求,从人员配比、资金投入量、设施设备选择和观测期限等方面制订相应的实施方案,即通过人力、财力、物力、时间的科学配置确定试验线路导线覆冰观测的规模。

(二)场地选择

(1)试验线路应设置于实际拟建设线路工程途经的覆冰严重地段。

(2)试验线路的走向应尽量垂直于冬季覆冰期的主导风向。

(3)试验线路的场地应开阔,在垂直于线路方向前后应无地形或障碍物阻挡。

(4)其他参考观冰站选址的相关内容。

(三)试验线路建设

(1)应按实际拟建输电线路电压等级选择相应试验线路的铁塔、导地线和金具等。

(2)试验线路应有两个及以上档距的耐张段,布置形式应至少为耐-直-耐,每个档距建议在450m以内;导线对地距离以不影响脱冰跳跃时的导线轨迹为原则,宜适当大于相应电压等级冰区线路规程规定的对地距离;相间距离应按线路相应冰区、电压等级的规定取值。

(3)为避免同档内各相导线的相互屏蔽影响,导线弧垂应有适当差别。

(4) 分裂导线的布置应包括拟建输电线路的推荐分裂导线形式以及其他需要对比论证的不同分裂形式。

(5) 试验线路应按相应电压、海拔安装绝缘子串,宜在试验线路不同相分别采用陶瓷、玻璃、合成绝缘子串。

(6) 分裂导线应安装间隔棒,间隔棒间距应按工程设计采用的常规计算方法取值。

(四) 观测设备布置

(1) 地面气象观测场应建设于试验线路起止点范围内,距线路垂直距离 20～100m 进行气象同步观测。

(2) 在试验线路各档距中设置离地高度 2m 的固定风速仪。

(3) 在试验线路铁塔与各相导线的连接点安装应力传感器,测量各受力点在覆冰下的受力参数。

(4) 在试验线路耐张塔与绝缘子串连接处安装位移传感器,测量耐张塔塔头的挠度值。

(5) 在直线塔悬垂绝缘子串与导线连接位置安装位移传感器,测量悬垂绝缘子串由两档不均匀覆冰引起的偏移值。

(6) 在三相导线各档距 1/4 及 1/2 处附近的间隔棒上安装静态和动态位移传感器,测量导线覆冰前后的弧垂变化值,分裂导线由迎风向覆冰导致的扭转,以及在覆冰振动、舞动和脱冰跳跃时导线观测点纵断面的轨迹形状、运动范围、持续时间和频率。

(7) 试验线路及观测系统所使用的电源必须稳定、可靠并满足传感器、观测系统规定电压的匹配要求;电源应根据试验场环境条件和经济性比较选择搭接电力线路、自备发电机、自建小水电、太阳能或蓄电池组等。

(五) 试验观测

(1) 试验线路导线覆冰观测应包括:记录开始观测时的温度、风向、风速、覆冰重量、冰厚、弧垂、铁塔挠度、悬垂绝缘子串偏移值和时间等,试验线路导线覆冰记录应按附录 B 规定的格式填写。

(2) 根据观测系统设置的间隔时间,同期进行温度、风向、风速的测量记录。

(3) 导线覆冰重量是根据观测系统测试出的线路各点张力后,按密度 0.9g/cm^3 换算的计算值,覆冰厚度是系统按密度 0.9g/cm^3 和导线均匀同径覆冰情况下换算的计算值,观测期间相隔规定时间测试后,将导线覆冰重量、标准冰厚填写在试验线路导线覆冰记录表中。

(4) 当现场观察发现有异常情况时,应拍摄记录导地线微风振动和脱冰跳跃轨迹。

(5)当覆冰处于保持期，气温、风速较稳定时，在线路各档距的固定位置，采用工程测量方法测量记录导地线弧垂下降、挠度、偏移值，同时应人工采集导线单位长度的覆冰，经过折算后与由导线悬链线等公式计算的应力、弧垂、挠度、偏移值进行比较，并记录在附录 B 的表格中。

(6)在覆冰过程后期，应密切关注天气变化，加强监测。

(六)参数信号采集

(1)安装在铁塔顶部、铁塔与各相导线的连接点、直线塔悬垂绝缘子串与导线连接位置处的传感器的信号可以通过信号电缆经塔身引下地再引入观测工作间。

(2)安装在三相导线各档距 1/4 及 1/2 处附近的间隔棒上静态和动态位移传感器的信号传输，应采用性能优良、无相互干扰的无线发射传感器采集后无线发送，由工作间内的无线接收器采集信息。

(3)为保证无线信号的接收效果，工作间不宜离试验线路太远。

(七)观测资料整理

(1)每次覆冰过程结束后，不管是否发生覆冰舞动、振动、脱冰跳跃，都应将所有气温、风速、风向、覆冰性质、覆冰重量、冰厚等气象资料和现场描述记录资料，测量系统记录的传感器测试的动态、静态数据资料、影像资料整理归类。每次覆冰过程的持续时间、最大覆冰重量、覆冰厚度、导线最大扭转情况、子导线振动次数及幅值、脱冰跳跃水平和垂直方向最大幅值及持续时间应填写在试验线路导线覆冰记录表中，可参考附录 B 格式。

(2)自动测量系统记录的资料应及时处理成数据和图形文件，并与同期人工观察及取样、工程测量方法的测量资料、影像资料、计算值进行对比，以确认最终结果的准确性和可靠性。

(八)注意事项

(1)观测场的选择应便于建设和生活，距公路不宜过远，无地质灾害隐患。

(2)根据拟建输电线路电压等级、冰区量级的要求控制试验线路的最大档距，为避免因特大覆冰造成铁塔受损或倾倒事故，档距不宜超过 450m，并根据需要对铁塔适当加强。

(3)黄茅埂观冰站试验线路在多次大覆冰脱冰过程中，两档不同时脱冰，出现其中一档导线鞭击地面的情况，影响了对该档导线轨迹的观测，同时带来人员伤害的安全隐患，为此建议在相应冰区、电压等级线路对地距离的基础上适当加大导线对地距离，并采取适当加强的方式确保试验线路的安全、稳固。

(4)在较大覆冰过程中，靠近迎风向的导线可能因覆冰增加了横截面面积，会对背风侧的另外两相导线产生屏蔽，为减少导线覆冰对气流的影响，靠近迎风向的导线宜较相邻相的导线低0.5m，可与第三相高度相同，使各相导线的弧垂呈现错层状态，但差异不宜过大（相邻相差异不大于0.5m），以免影响数据的比较分析。

(5)注意选用经过资质认证、成熟、稳定的传感器，为不影响测试结果和便于安装，导线和绝缘子串上的传感器一定要小巧，运行程序必须经过有资质的单位认证通过。

(6)根据天气情况，在开始有覆冰趋势时，打开信号采集处理系统，对线路的覆冰过程进行连续观测记录。如果系统存储容量有限，在覆冰开始发展过程，可设置为每间隔2h定时观测记录的方式；但测量系统测试微风振动、舞动、脱冰跳跃等动态部分的信号采集和记录应设置为连续自动观测记录方式。

(7)脱冰期加密观测。一般而言，当气温开始回升、风向发生转变、阴天转变为晴天时，可根据气象观测结果预判覆冰消融的发生。当发现有脱冰现象时，要加强值班（包括夜晚）和现场观察，增加观测频次，如每间隔1h进行一次观测，认真检查测量振动、舞动、脱冰跳跃等动态部分的测量设备是否正常，并对现场进行影像采集等工作。

第三节　冰害线路导线覆冰观测

我国属于输电线路冰害事故频发的国家，冰害事故的发生除覆冰量级超出设计条件外，还存在多方面的因素，因此当输电线路遭遇冰害时，开展现场覆冰观测与踏勘，获取覆冰数据，掌握区域覆冰特性，从而甄别覆冰对输电线路的影响程度以及分析事故原因，对提出合理的抗冰改造方案和提高冰害线路抗冰能力具有重要意义。

(一)覆冰对线路的影响

2008年初，我国南方地区电网遭遇的罕见冰灾再一次告诫人们：覆冰对架空输电线路的经济建设与安全运行具有重大影响。根据我国2008年电网冰灾调查情况，覆冰对输电线路安全运行的影响可归纳为以下四个方面：

(1)覆冰过载导致输电线路机械损坏或影响电气间隙。

(2)不均匀覆冰或不同时脱冰产生的张力差，导致输电线路机械损坏或影响电气间隙。

(3)绝缘子串覆冰或融冰闪络或电弧烧伤绝缘子。

(4)覆冰导线舞动导致输电线路机械损坏或影响电气间隙。

（二）观测方法

开展冰害线路导线覆冰观测的目的是获取有效的、可靠的覆冰数据，从而准确分析覆冰量级。目前，冰害线路导线覆冰观测的方法主要包括在线监测法、导线弧垂测量法、气象监测法和称重法等。

(1) 在线监测法是通过安装在输电线路上的在线监测设备获取导线覆冰的相关信息，进而得到导线覆冰数据，该方法能够直观地实时监测输电线路的覆冰情况，但由于覆冰在线监测设备长期工作在强电场及复杂气象环境中，极易出现设备稳定性和数据可靠性方面的问题。

(2) 导线弧垂测量法是通过测量弧垂的变化数值来计算等值的覆冰厚度。该方法受杆塔档距和风速的影响较大，一般而言，杆塔档距越大，观测精度越高；受风的影响，导线舞动会引起弧垂测量结果的偏差，从而影响覆冰厚度的计算精度。

(3) 气象监测法是利用气象监测设备收集输电线路周围的温度、湿度、风速、风向等气象信息后，再通过覆冰预测模型间接预测覆冰厚度，该方法受覆冰预测模型的精度制约，目前国内尚无适用性广、精度高的覆冰预测模型，因此该方法的结果误差相对较大。

(4) 称重法是利用应力感应设备或质量测量工具对导线覆冰进行称重，该方法具有精度高、成本低、方法简单、可操作性强、时效性高的优点。称重法可分为自动覆冰观测和人工测重两种，其优缺点分别为：①自动覆冰观测具有连续监测、时效性高、精度较高、节约人力等优点，但应力传感器易受复杂气象环境的影响出现稳定性方面的问题；②人工测重具有数据可靠性高，便于积累覆冰环境的实践经验，但受客观地形环境制约，具有观测难度大、效率低、人力投入大等缺点，此外，观测人员的专业技术水平不足，会影响覆冰观测数据的精确性。

冰害线路的各种覆冰观测方法中，称重法因其明显的优点具有广泛的适用性，特别是当架空输电线路发生冰害事故时，为准确掌握导线的覆冰情况，专业人员赶赴现场后通过人工测重是获取可靠的第一手覆冰资料的主要方法。因此，目前人工测重和线路巡察还是不可或缺的覆冰数据收集手段。当为出现过冰害事故的线路开展固定覆冰观测时，应根据客观环境特点和资源情况，综合比选适宜的观测方法和设备。

（三）观测要点

冰害线路导线覆冰观测与观冰站(点)、试验线路导线覆冰观测类似，但更具有针对性，一方面及时掌握输电线路的覆冰信息，另一方面为线路运行维护状态评价(评估)等提供依据，并为融冰决策提供支撑，是低温凝冻天气下防范电力设备事故、保证电力系统安全运行的有效手段，是保证输电线路安全运行的重要工作。因此，开展可靠、快捷、高效的现场观测工作尤为重要，建议采用可靠性与时效性高的称重法对冰害线路进行导线覆冰观测[24]。

1. 观测点的选择

(1)观测点应选在对冰害事故点具有较好代表性的位置,尽可能选在冰害线路事故点附近,无条件的应选在与事故点地形、海拔相当,气候特点相似的地点。观测点地面应相对平坦,周围空旷开阔,气流通畅。

(2)观测点布置应覆盖事故点区段不同的微地形区,首先对事故点的微地形进行评估,在周边不同地形、不同海拔的位置增设观测点,例如,事故点位于垭口,可在迎风坡、背风坡等不同地形点增设观测点,开展同期覆冰与气象数据的采集。

2. 观测设备的选择

(1)导线覆冰观测设备可选择自动覆冰观测仪、雨凇架或简易模拟导线。

(2)自动覆冰观测仪和雨凇架的导线悬挂方向尽量与线路走向一致或垂直于冬季覆冰期主导风向,档距不宜小于 4m,导线型号应与冰害线路的导线一致。

(3)简易模拟导线可悬挂在铁塔的迎风侧,并与冰害线路的方向一致,悬挂模拟导线的铁塔附近应空旷开阔、气流通畅,悬挂高度一般为 2.0m,长度不宜小于4.0m。若受地面树木影响,应提高悬挂高度,减少树木对气流的影响。在条件允许的地段,模拟导线也可以顺着线路方向悬挂在树干上,悬挂高度视现场实际情况而定。

3. 观测项目及要求

(1)当输电线路发生冰灾事故时,宜及时赶赴事故现场测量或调查覆冰相关数据。

(2)在冰害事故区段附近 1～5km 选取典型地形点进行覆冰巡测,可测量通信线、拉线、树枝及其他地物上的覆冰。

(3)观冰点应观测一次覆冰过程的起始时间、终止时间和导线覆冰观测时间。

(4)观测一次覆冰过程的覆冰长径、覆冰短径及覆冰重量,为更准确地计算覆冰密度亦可同时量取覆冰的截面面积和围长(周长)。

(5)观测覆冰种类及覆冰内部结构特性与外部形状。

(6)拍摄受损导线覆冰及杆塔不同高度的覆冰状况、线路舞动和脱冰跳跃、散落在地面的残冰及未消融的冰雪实况、树枝等其他地物上的覆冰。

(7)覆冰同时气象要素(温度、湿度、风向、风速、能见度等)及天气现象的观测。

(8)覆冰过程结束后,应对各观测项目的数据资料进行整理归类。

第六章 气象要素观测与记录

我国地域辽阔，不同区域的气候特点和气象条件存在差异，其覆冰性质与量级也有所差异。覆冰形成条件与气象要素之间有着紧密的关系，气象要素是导线覆冰的重要影响因子，因此开展覆冰期气象要素的观测是覆冰观测系统工作中的重要组成部分，其成果在分析导线覆冰形成机理、覆冰性质、覆冰量级等方面具有十分重要的研究意义。

第一节 观测内容与方法

一般而言，为了保证地面气象观测数据的代表性、准确性和可比性，便于资料的国际、国内交换及共享和使用，观冰站(点)的气象要素观测应统一按现行的气象行业标准《地面气象观测规范》(GB/T 35221—2017～GB/T 35237—2017)执行[25]。

(一)观测项目

1. 观冰站的观测项目

观冰站一般需配备地面气象观测场，可开展多项气象要素的观测，如空气温度、空气湿度、气压、风向、风速、降水量、能见度、日照、雪深和天气现象等。

2. 观冰点的观测项目

观冰点一般配置简易的气象观测仪器，可开展气温、风向、风速、雪深和天气现象的观测。

3. 观测项目的调整

根据覆冰观测项目的业务需要，可对观冰站(点)的气象观测项目进行相应调整。

(二)观测方式

观测方式分为人工观测和自动观测两种，人工观测又包括人工目测和人工器测。

（三）观测次时

地面观测场宜配置自动观测仪器，每天应进行最少 24 次正点观测；未配置自动观测仪器的观测场，气温、湿度、风向、风速、能见度每天宜进行 02 时、08 时、14 时、20 时 4 次定时观测，若条件限制，则每天至少进行 08 时、14 时、20 时 3 次定时观测。

（四）观测流程

1. 人工观测方式

（1）在建站后正式启动气象要素的系统观测前，应根据观测项目的多少和观测仪器的布置状况，制定符合实际情况的观测程序，全站的观测程序必须统一，并且尽量少变动。

（2）一般应在正点前 30min 左右巡视观测场和仪器设备。

（3）定时正点前 15min 内观测能见度、空气温度、湿度、降水量、风向、风速、气压和雪深等，连续观测天气现象。

（4）日照在日落后换纸，其他项目的换纸时间根据实际情况自定，但每日的换纸时间应统一固定。

2. 自动观测方式

（1）每天日出后和日落前巡视观测场和仪器设备。

（2）可显示实时数据的观冰站，在正点前约 10min 查看实时数据是否正常。

（3）00 分，进行正点数据采样。

（4）00～03 分完成自动观测项目的观测，检查正点自动观测定时数据，输入人工观测数据，若发现自动观测数据缺测或异常，则应及时进行处理。

（五）观测内容

1. 空气温度

空气温度（简称气温）是表示空气冷热程度的物理量。测量气温的常用仪器有干球温度表、最高温度表、最低温度表、温度计（图 6-1）、气温自动观测仪、通风干湿表和铂电阻温度传感器等。防护设备采用百叶箱。

观冰站的气温观测项目主要有气温、最高气温和最低气温。测量高度为离地 1.5m。

配有气温自动观测仪或温度计的观冰站应进行温度的连续记录，并应选取日最大值、日最小值及计算日平均值；未配有气温自动（自记）观测仪的或气温自动（自记）观测仪不能正常工作的观冰站，应至少进行 08 时、14 时、20 时 3 次定时人工观测，观测记录日最大值、日最小值，并应计算日平均值。

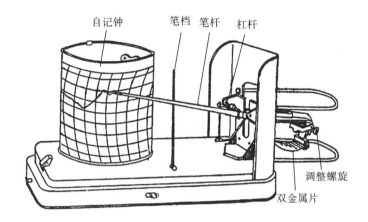

图 6-1 温度计

2. 空气湿度

空气湿度(简称湿度)是表示空气中水汽含量潮湿程度的物理量。测量湿度的常用仪器主要有湿球温度表、毛发湿度表、湿度计、通风干湿表传感器和湿敏电容湿度传感器。防护设备采用百叶箱。

观冰站的湿度观测有相对湿度、水汽压、露点温度。相对湿度是指空气中实际水汽压与当时气温下的饱和水汽压之比。水汽压是指空气中水汽部分作用在单位面积上的压力。露点温度是指空气在水汽含量和气压不变的条件下，降低气温达到饱和时的温度。测量高度应为离地 1.5m。

配有自动观测仪或湿度计的观冰站应进行湿度的连续记录，并应选取日最大值、日最小值及计算日平均值；未配有自动(自记)观测仪的或自动(自记)观测仪不能正常工作的观冰站，应至少进行 08 时、14 时、20 时 3 次定时人工观测干、湿球温度，并应计算其日平均值，同时应查算相对湿度、水汽压和露点温度，也可按下列公式计算相对湿度、水汽压和露点温度。

$$U = \left(\frac{e}{E_{\mathrm{w}}}\right) \times 100\% \tag{6-1}$$

$$e = E_{\mathrm{tw}} - AP_{\mathrm{h}}\left(T - T_{\mathrm{w}}\right) \tag{6-2}$$

$$T_{\mathrm{d}} = \frac{b \times \lg \dfrac{e}{E_0}}{a - \lg \dfrac{e}{E_0}} \tag{6-3}$$

式中，U——相对湿度，%；

e——水汽压，hPa；

E_w——干球温度 T 所对应的纯水平液面饱和水汽压，hPa；

E_tw——湿球温度 T_w 所对应的纯水平液面饱和水汽压，hPa；

A——干湿表系数，℃⁻¹，由干湿表类型、通风速度及湿球结冰与否而定，其值按《地面气象观测规范》(GB/T 35221—2017～GB/T 35237—2017)干湿表系数表取值；

P_h——本站气压，hPa；

T_d——露点温度，℃；

T——干球温度，℃；

T_w——湿球温度，℃；

E_0——0℃时的饱和水汽压，等于6.1078hPa；

a——系数，取为7.69；

b——系数，取为243.92。

3. 气压

气压是作用在单位面积上的大气压力，即等于单位面积上向上延伸到大气上界的垂直空气柱的重量。当人工观测时，常用的仪器有动槽式水银气压表、定槽式水银气压表、气压计、空盒气压表(图6-2)；当自动观测时，常用的气压传感器有振筒式气压传感器、膜盒式电容气压传感器、硅压阻式气压传感器和陶瓷电容气压传感器。气压的观测时间应尽量接近正点。

图6-2　空盒气压表

观测内容为本站气压。配有自动观测仪或气压计的观冰站应进行气压的连续记录，并应挑选日最大值、日最小值及计算日平均值；否则，应至少进行08时、14时、20时3次定时人工观测，并应挑选日最大值及计算日平均值。

4. 风向、风速

风是空气运动产生的气流，它是由许多在时空上随机变化的小尺度脉动叠加在大尺度规则气流上的一种三维矢量。地面气象观测中测量的风是二维矢量（水平运动），用风向和风速表示。

风速是指单位时间内空气移动的水平距离。最大风速是指在某个时段内出现的最大 10min 平均风速值；极大风速（阵风）是指某个时段内出现的最大瞬时风速值；瞬时风速是指 3s 的平均风速；风的平均量是指风在规定时间段的平均值，有 3s、1min、2min 和 10min 的平均值。风向是指风来的方向，最多风向是指在规定时间段内出现频次最多的风向。

测量风的仪器主要有 EL 型电接风向风速计、EN 型系列测风数据处理仪、海岛自动测风站、轻便风向风速表、单翼风杯风速传感器和风向传感器等。

观测内容包括风向和风速。配有自动（自记）观测仪的观冰站风向和风速的测量高度应为离地 10m。未配有自动（自记）观测仪的观冰站风向和风速的测量高度宜为离地 2m。

配有自动（自记）观测仪的观冰站应进行风向和风速的连续记录，时距应为 10min，并应选取日最大值及计算日平均风速。未配有自动（自记）观测仪的或自动（自记）观测仪不能正常工作的观冰站，应至少进行 08 时、14 时、20 时 3 次定时人工观测，时距宜为 2min，并应选取日最大值及计算日平均值。

5. 降水量

降水是指从天空降落到地面上的液态或固态（经融化后）的水。降水量是指某一时段内未经蒸发、渗透、流失的降水，在水平面上积累的深度。人工观测每天测量 20 时～08 时、08 时～20 时两个时段的累计降水量，配有自动（自记）观测仪的测量分钟、小时、日降水量。人工观测常用的仪器有雨量器、虹吸式雨量计、翻斗式遥测雨量计等；自动观测常用的仪器有翻斗式雨量传感器、称重式降水传感器等。

观测内容为本站降水量。配有自动（自记）观测仪的观冰站应进行降水量的连续记录。否则，每天应在 08 时、20 时分别人工测量前 12h 的降水量；人工观测中的固态降水应按液态降水测量。

6. 能见度

能见度用气象光学视程表示，是指视力正常的人，在当时天气条件下，能够从天空背景中看到和辨认目标物（黑色、大小适度）的最大水平距离。当人工观测时，通常观测有效气象能见度。能见度是视力正常的人在四周 1/2 以上范围能看到的目标物的最大水平距离。当仪器测量时，测量气象光学视程，即白炽灯发出色温在 2700K 的平行光束的光通量在大气中削弱至 5%所通过的路径长度。常用的能见度观测仪有透射能见度仪和散射能见度仪。

观测内容为本站能见度。配有自动(自记)观测仪的观冰站应进行能见度的连续记录。未配有自动(自记)观测仪的或自动(自记)观测仪不能正常工作的观冰站，应至少进行 08 时、14 时、20 时 3 次定时人工观测。

7. 日照

日照是指在一给定时段内太阳直接辐照度大于 $120W/m^2$ 的各分段时间的总和。观测内容为每分钟日照时数、每小时日照时数和每天日照时数。人工观测常用的仪器有暗筒式日照计和聚焦式日照计；自动观测仪常用的仪器有直接辐射表、总辐射表和散射辐射表等。

观冰站日照计要安装在开阔的、终年从日出到日落都能受到阳光照射的地方。如果观测场没有适宜地点，可安装在平台或附近较高的建筑物上。每月应检查仪器安装情况，仪器的水平、方位、纬度等是否正确，若发现问题，则应及时纠正。日出前检查日照计的小孔有无小虫、尘沙等堵塞或被露、霜等遮住。

配有自动观测仪的观冰站，应逐时观测记录；未配有自动观测仪的或自动观测仪不能正常工作的观冰站，应采用人工观测仪器逐日观测记录。

8. 雪深

雪深是从积雪表面到下垫面的垂直深度。当观测场四周视野地面被雪(包括米雪、霰、冰粒)覆盖超过 1/2 时，要观测雪深。雪深的观测地段，应选择在观测场附近平坦、开阔的地方。入冬前，应将选定的地段平整好，清除杂草，并应做上标记。常用的仪器有量雪尺和雪深自动观测仪。

当符合雪深观测条件时，应在每日 08 时观测雪深，若 08 时未达到测定雪深的标准，之后因降雪而达到测定标准，则应在 14 时或 20 时补测。每次观测应进行 3 次测量，求其平均值。

9. 天气现象

天气现象是指发生在大气中、地面上的一些物理现象，包括降水现象、地面凝结现象、视程障碍现象、雷电现象和其他现象等，这些现象都是在一定的天气条件下产生的。天气现象必须随时进行观测和记录，对某些天气现象所造成的灾害，还应及时进行调查记载。

天气现象的观测内容应包括雨、雪、冰针、雾、轻雾、露、霜、雨凇、雾凇、吹雪、积雪、结冰、大风等。

天气现象的观测应满足下列要求：

(1)应观测和记录出现在视区内的全部天气现象及起止时间。夜间不值守的观冰站应尽量判断并记录夜间出现的天气现象,08时～20时各天气现象应记录起止时间。

(2)当天气现象判断困难时,应结合气象要素的变化进行综合判断。

第二节 观 测 记 录

由于近地面层的气象要素存在空间分布的不均匀性和随时间变化的脉动性,所以地面气象观测记录必须具有代表性、准确性和可比性。各观冰站(点)人工观测的原始资料应及时填写在记录簿中,观冰站(点)地面气象观测记录簿见附录C。

(一)观测记录要求

(1)代表性。观测记录不仅要反映测点的气象状况,而且要反映测点周围一定范围内的平均气象状况。

(2)准确性。观测记录要真实地反映实际气象状况。

(3)可比性。不同地方的地面气象观测站在同一时间观测的同一气象要素值,或同一个地面气象观测站在不同时间观测的同一气象要素值能进行比较,从而能分别表示出气象要素的地区分布特征和随时间变化的特点。

(4)地面气象观测在观测时间、观测仪器、观测方法和数据处理等方面要保持高度统一。

(5)地面气象观测记录簿用铅笔填写,字迹要求工整、清楚、美观,不出现涂改、伪造和书写怪体字等现象。

(6)当天的观测结果,当天记录,不可拖延。

(7)注意填写观测人员、校对人员签名,注意各要素记录的小数点,注意填写备注栏和纪要栏。

(二)观测记录填写

1. 地面气象观测记录簿封面填写

气象要素观测记录需填入地面气象观测记录簿中,封面栏目分别填写观测站所在省(区、市)、观冰站名称、册号、起止年月日。

2. 地面气象观测记录簿内容填写

观冰站地面气象观测记录簿中几乎涵盖了常用的地面气象观测项目,各观冰站(点)应根据实际设置的观测项目,将观测的原始数据填写至对应的栏内,按观冰站地面气象观测记录簿中各项目的顺序介绍内容填写的相关要求,观冰点地面气象观测记录簿参照执行。

(1)"年　月　日"栏填写观测的日期。

(2)"雪深"栏填写测量的积雪深度,以厘米(cm)为单位,取整数。计算平均值,并填写在"平均"栏内,平均雪深不足0.5cm的应记为0。

(3)"天气现象"栏内填写当日出现在视区内的全部天气现象符号,天气现象符号按《地面气象观测规范》(GB/T 35221—2017~GB/T 35237—2017)中执行。

(4)"能见度"栏内填写能见度观测成果,以千米(km)为单位,取一位小数,第二位小数舍去,不足0.1km的记0.0。

(5)"风向·风速"栏内填写定时的观测成果。风向以十六方位法为单位,风速以米/秒(m/s)为单位,取1位小数。

(6)"降水量"、"定时"栏内填写08时~20时、20时~08时,"RR"栏内分别填写08时~20时、20时~08时的降水量,并计算合计值,填写在"合计"栏内。降水量以毫米(mm)为单位,取1位小数。当无降水时,"降水量"栏空白;当降水量小于0.05mm时,记为0.0;纯雾、露、霜、冰针、吹雪的量按无降水处理。

(7)"干球温度"、"湿球温度"栏内填写干球温度计、湿球温度计的读数、器差,并计算订正后的数值,以摄氏度(℃)为单位,读数要精确到0.1℃。

(8)"最高温度"、"最低温度"栏内填写最高温度表、最低温度表的读数、器差,并计算订正后的数值,以摄氏度(℃)为单位,读数要精确到0.1℃。

(9)"温度计"、"湿度计"栏内填写温度计自记纸、湿度计自记纸的读数,分别以℃、%为单位,读数要精确到0.1℃。

(10)"日最高"、"日最低"栏内应记录当日干球温度表、最高温度表、最低温度表、温度计自记纸中的温度最高值和最低值,以摄氏度(℃)为单位,读数要精确到0.1℃。

(11)根据干球温度、湿球温度,通过中国气象局编制的《湿度查算表(甲种本)》查算"水汽压"、"相对湿度"、"露点温度",并填写在相应栏内,分别以百帕(hPa)、百分数(%)和摄氏度(℃)为单位。

(12)配有水银气压表的观测站,应读取气压表附属温度表的温度,读数精确到0.1℃,并填写在"附属温度"栏内;读取气压表数值,填写在"气压读数"栏内;根据《地面气象观测规范》(GB/T 35221—2017~GB/T 35237—2017)中本站气压的计算公式计算本站气压,并填写在"本站气压"栏内。

(13)"气压计"栏内填写自记纸上的读数,以百帕(hPa)为单位,取1位小数。

第七章　观测资料整编

观冰站(点)、试验线路和冰害线路覆冰观测及其同时气象要素观测的数据应按照规范要求现场及时进行记录。基于观冰站(点)现场记录的观测数据，可根据《架空输电线路覆冰观测技术规定》(DL/T 5462—2012)[24]编制年度覆冰观测报表和相应的气象观测报表。基于试验线路和冰害线路现场记录的观测数据，编制观测期覆冰观测报表和相应的气象观测报表。

第一节　覆冰观测资料整编

覆冰观测分为固定观冰站(点)的长期连续观测和冰害线路的短期临时观测，对应编制覆冰观测报表。该报表包括测点位置、海拔、地形特征、观测编号、覆冰种类、观测时间、导线方向、导线型号和线径、离地高度、覆冰长径、覆冰短径、覆冰重量、其他覆冰附着物直径、同时气象要素、覆冰特性描述、过程记录和备注等内容。覆冰观测报表中需要对覆冰密度、种类、标准冰厚、覆冰次数和观测次数等进行统计。

(一)覆冰观测报表编制

在覆冰期观测结束后，需要基于雨凇塔(架)导线覆冰记录簿及时编制覆冰观测年度报表。基于试验线路和冰害线路观测的覆冰数据记录，需要编制观测期覆冰观测报表。覆冰观测报表包括封面、观测记录、统计及其他相关记录。以下介绍覆冰观测年度报表的编制方法，试验线路和冰害线路观测期的覆冰观测报表可参照编制。

覆冰观测报表可手工或计算机制作，报表编制完成后及时归档入库，便于今后查阅使用。

1. 封面填写

覆冰观测年度报表封面栏目分别填写观测年度、观冰站(点)名、层别、观冰站(点)所在省(区、市)、地址、经纬度、观测场海拔、编制单位。通过现场踏勘和地形图确认观冰站(点)的地形特征，如山顶、山腰、垭口、迎风坡、背风坡等，在地址栏注明观冰站(点)的地形特征。经度和纬度栏填写度、分、秒，分、秒值不足十位时，十位应补"0"。封面需由报表抄录人、校对人、审核人签署。封面可按附录表 D.0.1 所示的格式进行填写。

2. 观测记录填写

覆冰观测年度报表依次记录覆冰观测编号、覆冰种类、观测时间、导线方向、导线型号、其他覆冰附着物(包括名称、直径、离地高度、长径、短径、覆冰重量、覆冰密度、标准冰厚)、同时气象要素、覆冰特性描述、过程记录和备注；计算记录覆冰密度和标准冰厚，挑选记录年度覆冰极值，统计各月覆冰种类、各月覆冰次数及观测次数；填写本年度覆冰综述、导线线型和线径、仪器设备信息，注明出现的问题和处理方法。报表可按附录表 D.0.2 所示的格式进行填写，需要注意以下问题：

(1)"覆冰观测编号"栏填写覆冰过程的次序编号和当次覆冰过程中的观测序号，两者用"-"连接。例如，某观冰站第二次覆冰过程共进行了三次观测，则覆冰观测编号分别记为 2-1、2-2、2-3。

(2)"覆冰种类"栏填写当次覆冰观测的覆冰种类，按《架空输电线路覆冰观测技术规定》(DL/T 5462—2012)规定的记录符号记录，以"∞"表示雨凇、以"Ｖ"表示雾凇、以"∞Ｖ"表示雨雾凇混合冻结、以"*"表示湿雪。

(3)"观测时间"栏填写采集覆冰数据的时间，格式为：年-月-日-时-分。

(4)"导线方向"栏填写观测覆冰的导线悬挂方向。例如，悬挂在东西向的导线可在该栏内填写 E-W 或东西。

(5)"导线型号"栏填写导线离地高度、长径、短径、覆冰重量、覆冰密度和标准冰厚。

(6)"其他覆冰附着物"栏填写采集覆冰数据的覆冰附着物名称(如树枝、通信线)、直径、离地高度、长径、短径、覆冰重量、覆冰密度和标准冰厚。

(7)"同时气象要素"栏填写采集覆冰数据时观测的气温、风向和风速。

(8)"覆冰特性描述"栏填写当次覆冰观测时的覆冰外部形状和内部结构，雨雾凇混合冻结中不同性质覆冰所占的比例等。

(9)"过程记录"栏填写当次覆冰过程的发展、保持、消融，反映覆冰种类在三个阶段的变化和持续时间，按《架空输电线路覆冰观测技术规定》(DL/T 5462—2012)中规定的记录符号记录，以"f"表示发展、以"b"表示保持、以"x"表示消融，如记录"$∞_f$"表示雨凇发展；注明相应的日期，上一个日期与下一个日期之间用"-"连接，年记为 y、月记为 m、日记为 d、小时选用 24h 制、分钟为小时的上标。

(10)"备注"栏填写当次覆冰过程中的重要事项,使用者可通过备注栏的内容结合观测数据了解导线上的覆冰状况。例如,本次观测前,东西向导线覆冰自然脱落。

(11)"年度覆冰极值"栏填写本年度覆冰记录中覆冰重量最大值及其对应的相关项目。

(12)"各月覆冰种类"栏填写统计的覆冰期各月覆冰种类出现的次数与合计。

(13)"各月覆冰次数及观测次数"栏填写统计的覆冰期各月覆冰过程次数、观测次数与合计。

(14)"本年度覆冰综述"栏填写本观冰站(点)在本年度的覆冰情况,包括年度覆冰过程次数、年度极值、覆冰密度区间、标准冰厚区间。

(15)"导线线型、线径"栏填写本观冰站(点)在本年度架设的线型和线径。

(16)"单位"栏填写本报表中涉及的物理量的计量单位。

(17)"仪器设备"栏填写本观冰站(点)在本年度观测中使用的仪器名称、规格型号、生产厂名和附注。

(二)覆冰观测资料统计

1. 覆冰密度统计

覆冰观测报表中需填写覆冰密度,覆冰密度可根据实测覆冰的长径、短径、重量按第十一章第二节中给出的密度计算方法进行计算,并统计整理覆冰密度的年度最大值、最小值和平均值。

2. 标准冰厚统计

覆冰观测报表中需填写标准冰厚,标准冰厚可根据实测覆冰的长径、短径、重量按第十一章第二节中给出的标准冰厚计算方法进行计算,并统计整理标准冰厚的年度最大值、最小值和平均值。

3. 覆冰种类统计

覆冰种类统计是对本年度各月的覆冰种类出现的次数进行统计,在一个覆冰过程中可能观测到多个覆冰种类,应以该次覆冰过程最终的覆冰种类为统计样本。

4. 覆冰次数统计和观测次数统计

覆冰次数统计和观测次数统计是对本年度各月的覆冰次数及观测次数进行统计,当覆冰过程的起止时间跨两个月时,应将该次覆冰过程统计于覆冰初始发展的月份中。

[例 7-1] 覆冰种类和覆冰次数的统计。

已知某观冰站的某次覆冰过程的记录为 2017y2m27d∞_f16^{30}-V$_f$20^{30}-28d∞V$_b$11^{18}-V$_x$12^{55}-3m1d∞V$_b$22^{42}-3d∞V$_x$10^{18}-13^{10}，过程记录表示的含义是什么？覆冰种类和覆冰次数应如何统计？

（1）覆冰过程记录表示 2017 年 2 月 27 日 16：30 雨凇发展，20：30 雾凇发展，28 日 11：18 雨雾凇混合冻结保持，12：55 雾凇消融，3 月 1 日 22：42 雨雾凇混合冻结保持，3 日 10：18-13：10 雨雾凇混合冻结消融。

（2）该次覆冰过程的覆冰发展阶段虽分别为雨凇和雾凇，但保持至消融阶段为雨雾凇混合冻结，因此覆冰种类应统计为雨雾凇混合冻结。

（3）该次覆冰过程开始于 2017 年 2 月 27 日，结束于 3 月 3 日，共 5 天，其中2 月份 2 天，3 月份 3 天，但覆冰次数应统计于覆冰初始发展的月份中，即 2 月。

第二节　气象观测资料整编

覆冰同时气象要素观测分为固定站点的长期连续观测和冰害线路的短期临时观测，对应编制气象观测报表。该报表包括测点位置、海拔、风速感应器离地高度、地形特征，相应覆冰过程中的气温、相对湿度、水汽压、露点温度、10min平均风速及风向、降水量、能见度、日照时数、气压、雪深和天气现象等内容，报表中需要对上述常规气象要素进行统计。对于风、02 时数据以及缺失(测)数据，本节提出了统计和处理方法。

一、气象观测报表编制

在覆冰期观测结束后，需要基于气象观测数据文件、自记记录纸或地面气象观测记录簿及时编制各次覆冰过程相应的气象观测年度报表。基于试验线路和冰害线路观测的气象数据记录，需要编制观测期气象观测报表。气象观测报表包括封面、观测记录、统计及其他相关记录。以下介绍气象观测年度报表的编制方法，试验线路和冰害线路观测期的气象观测报表可参照编制。

气象观测报表可手工或计算机制作，报表编制完成后及时归档入库，便于今后查阅使用。

（一）封面填写

气象观测年度报表封面栏分别填写观测的年度、站(点)名、测站所在省(区、市)、地址、经纬度、观测场海拔、编制单位。封面需由抄录人、校对人、审核人签署，地址栏应描述地形特征。报表封面可按附录表 E.0.1 所示的格式填写。

（二）观测记录填写

气象观测年度报表与覆冰观测年度报表相对应，因此各气象要素记录均为覆冰过程中相应的气象要素，报表首先填写覆冰编号和观测时段。为了准确地描述覆冰变化过程与气象要素间的联系，气象观测年度报表依次记录相应覆冰过程中逐日正点实测的气压、气温、相对湿度、水汽压、露点温度、10min 平均风速及风向、降水量、日照时数、能见度等项目，逐日观测的雪深和天气现象；记录各次覆冰过程的天气概况、纪要、备注和现用仪器，"天气概况"栏记录覆冰过程相应的天气主要特征；"纪要"栏记录不完整观测记录的统计说明、仪器故障说明等；"备注"栏记录对数据质量有直接影响的原因、观测时次、夜间是否值守、02 时记录处理方法、缺测记录处理方法、变更说明（观测方法、项目、仪器、环境等）；"现用仪器"栏记录项目、仪器名称、规格型号、编号、厂名和检定日期。

自动观测的逐时气象要素项目摘录自观测数据文件，自记的逐时气象要素项目摘录自相应的自记纸，填写在气象观测年度报表的逐时记录表格中，见附录表 E.0.2～表 E.0.10。

人工观测的气象要素项目抄录自地面气象观测记录簿。当未配有自动（自记）观测仪或自动（自记）观测仪无法正常工作时，记录定时观测值，气温、相对湿度、水汽压、露点温度、能见度、气压各项目填写在气象观测年度报表的逐时记录表格相应时间栏中，无记录的时间栏空白。

人工观测的定时风、降水量、雪深等项目填写在气象观测年度报表的定时记录表格中，见附录表 E.0.11 和表 E.0.12。

气象观测年度报表需要统计填写每次覆冰过程相应的气压、气温、相对湿度、水汽压、露点温度的平均值、最高（大）值和最低（小）值及其出现时间，风速的平均值、最大值、相应风向及其出现时间，雪深的最大值及其出现时间，降水量、日照时数，抄录逐日夜间和白天的天气现象摘要。无自动或自记观测的项目，逐日最大（小）值栏和覆冰过程最大（小）值栏从人工定时观测记录中选取，并记录出现时间，可按附录表 E.0.13-1 所示格式填写。

各风向的出现回数、风向频率、风速合计、平均风速、最大风速和与覆冰有关的天气现象日数合计值，可按附录表 E.0.13-2 所示格式填写。天气概况、气象要素采用的仪器信息等，可按附录表 E.0.14 所示格式填写。

填写表格时需要注意以下问题：

（1）逐时风速按正点前 10min 测量的风速平均值记录，逐时风向按正点前10min 内出现频率最高的风向记录。定时风按每日 02 时、08 时、14 时和 20 时 4次观测数据记录，风速为正点前 2min 测量的风速平均值，风向为正点前 2min 内出现频率最高的风向。

(2)自动(或自记观测)逐时降水量、日照时数按正点前相邻正点间 1h 测量的累计值记录，并统计逐日降水量和日照时数合计值。

(3)定时降水量的记录应注意："20-08"栏内填写前日 20 时～当日 08 时的降水量，"08-20"栏内填写当日 08 时～当日 20 时的降水量；"合计"栏填写当日"20-08"与"08-20"的合计降水量；"08-08"栏填写当日"08-20"与次日"20-08"的合计降水量。

(4)雪深按每日 08 时观测数据记录。

二、气象观测资料统计

除对于常规气象要素的统计外，对于风、02 时数据以及缺失(测)数据提出如下方法。

(一)风的统计

覆冰过程中各风向平均风速值和各风向频率对于覆冰过程有重要意义，一个覆冰过程中，覆冰重量增长与风速和风向有关。在近地空气层，风速随高度增加，垂直于导线方向的风速越大，导线捕获的水滴、冰晶就越多，覆冰就越厚。

一次覆冰过程中某风向的平均风速按式(7-1)统计：

$$V = \frac{\sum V_i}{n} \tag{7-1}$$

式中，V——一次覆冰过程中某风向平均风速，m/s；

V_i——一次覆冰过程中某风向记录风速，m/s；

n——一次覆冰过程中某风向出现回数的合计。

一次覆冰过程中某风向频率可按式(7-2)统计：

$$F = \frac{n}{N} \times 100\% \tag{7-2}$$

式中，F——一次覆冰过程中某风向频率；

N——一次覆冰过程中各风向记录总次数。

(二)02 时数据记录和统计

观冰站若实行夜间值守制度，则人工定时观测应至少每日 02 时、08 时、14 时、20 时进行 4 次定时观测，若夜间不值守，则应至少每日 08 时、14 时、20 时进行 3 次定时观测，观测记录 02 时需自记记录补充，无自记记录的项目 02 时观测记录利用内插等方法得到，按以下方法记录和统计：

(1)气温、相对湿度、风向、风速的记录,有自记记录的用订正后的自记值代替。日平均值按4次记录统计,并在"备注"栏注明。

(2)当02时自记数据缺测时,从正点前、后10min(风从正点前20min至正点后10min)内取接近正点的自记数据代替。

(3)当无自记记录时,气温用当日最低气温与前一日20时气温的平均值代替,相对湿度用08时记录代替,并在"纪要"栏中注明;水汽压、露点温度、能见度、风速和风向栏空白,日平均按3次记录统计。

(三)缺失(测)时的记录和统计

缺失(测)的气象要素按以下方法处理:

(1)当自动观测正点数据缺失时,用人工平行观测数据代替。若未进行人工平行观测,用自动观测数据前后两正点数据内插求得(风速、风向和降水量除外),若连续两个或两个以上正点数据缺失,则按缺测处理。

(2)当人工观测定时数据缺测时,用自动观测数据代替。若无自动观测数据,则用订正后的自记数据代替。若自记数据缺失或无自记仪器,则可在1h以内进行补测,或按前述方法替补,否则该定时数据按缺测处理。

(3)当风速、风向某时自记记录缺失时,从正点前20min至正点后10min取接近正点的10min平均风速和最多风向代替,若仍缺失,则按缺测处理。若无风速、有风向,则均按缺测处理。若有风速、无风向,则风速照记,风向记为"—"。

(4)当降水量自记记录缺失时,若缺失时间在两正点之间,则照常计算;否则在最后1h栏内填写这一时段的累计量,其他时用"—"符号表示;若缺失时间内无法计算,则按缺测处理。

(5)当日照时数全体缺测时,若为阴天,日"合计"栏记为0.0,否则按缺测处理,记为"—"。

(6)当各项目的日最大值、日最小值自动(自记)观测记录有部分缺失时,从已有的自动(自记)观测记录与人工定时观测记录中选取。

第三篇　覆冰查勘与计算

第八章 覆 冰 调 查

为保证输电线路设计的安全可靠和经济合理，需综合利用与分析覆冰资料，覆冰调查资料是其中一项重要的资料，通过调查踏勘收集大量的覆冰资料，以此作为基础数据计算所需的各项参数。而对于覆冰观测资料严重缺乏的区域，覆冰调查是区域内覆冰定性分析与定量分析的主要手段。

本章主要介绍覆冰调查内容、调查范围与对象、调查步骤与方法、调查资料搜集与调查资料整理。

第一节 调 查 内 容

覆冰调查的目的是为设计冰厚计算及冰区划分提供基础数据，通过覆冰调查应掌握调查点及邻近区域的覆冰基本情况。覆冰调查的内容应满足覆冰分析计算的要求，通过调查的覆冰基本情况确定各项设计冰厚计算参数，才能方便后期的设计冰厚计算。因此，在覆冰调查之前，应首先确定需要的调查内容。根据输电线路设计需求及覆冰调查经验，可确定覆冰调查的基本内容。

（一）地形特征

覆冰发生点的地形特征调查包括地形、海拔、周边的山体走势、地形起伏、植被及水体分布等，其目的是了解区域覆冰地理环境，分析区域覆冰的成因和大体分布，以及调查点对周边相似地形海拔区域覆冰的代表性和移用性。

（二）气象条件

覆冰发生时的气象条件调查包括温度、湿度、风速、风向、天气现象(雾天、雨天、雪天、阴天)等。根据《架空输电线路覆冰勘测规程》(DL/T 5509—2015)[26]与调查成果判别覆冰种类，该调查项目也可辅助判断区域的覆冰特性和量级。

（三）覆冰附着物

覆冰附着物的调查包括附着物的种类、直径、离地高度、方向等，覆冰附着物直径和离地高度是设计冰厚计算中需要的重要基础参数，一般情况下，覆冰期主导风向垂直方向上的覆冰量级大于其他方向，但是部分特殊地形条件下可能存在差异，因此不可忽略覆冰附着物的朝向信息。

(四) 覆冰基本情况

应着重调查覆冰形状、长径、短径、重量、覆冰种类、重现期。覆冰种类是计算调查设计冰厚密度取值和覆冰形状系数的重要参数资料。历史上大覆冰出现的频次、时间及冰害情况等调查可用于判断覆冰的重现期。

调查覆冰发生的时间、地点和持续天数；调查由覆冰导致的输电线路倒杆断线、林木植被倾倒折断等现象。一般而言，常年结冰，且持续天数较长，线路和林木常出现冰害的区域可判断为重冰区。

为方便现场调查工作的开展，可将调查内容制成简表，现场调查时根据表格内容逐一进行调查填写，见表 8-1，并应根据工程实际情况和所处区域覆冰特点进行相应增减。

表 8-1　覆冰调查内容简表

项目	内容
调查时间	日期、时间
调查地点	调查点编号、行政地址(落实到村、组)
海拔	覆冰地点海拔
地形类别	覆冰地点所处地形
调查对象	受访者姓名、职业、年龄与联系方式
冰害情况	(1)输电线路倒杆、断线情况； (2)林木倾倒折断情况； (3)灾害发生的频次，大覆冰出现的次数和时间； (4)冰害最严重的年份
覆冰附着物信息	(1)覆冰物种类：树枝、电线、拉线或其他； (2)参数信息：走向、离地高度、直径
覆冰基本情况	覆冰发生的时间、地点、持续天数、覆冰形状、长径、短径、重量、覆冰种类
覆冰相关因素	(1)温度、风速、风向、天气现象(雾天、雨天、雪天、阴天等)； (2)沿线地形、植被及水体分布等情况

第二节　调查范围与对象

在进行覆冰调查之前应先确定调查范围和对象，调查范围影响调查成果对工程区域的代表性，而调查对象影响调查成果的可靠性。

(一)调查范围

首先根据输电线路路径布置方案和区域覆冰实际情况确定调查的地理位置,结合已有资料、区域气候特征和地形特点初步判断出重覆冰区域、易覆冰区域和不易覆冰区域,对于不同的区域,确定不同的调查深度和调查侧重点。

一般情况下,重覆冰区域和易覆冰区域多分布于垂直气候明显的山区、平坦地势向山地的抬升区、冷暖气团的交汇区、锋面气团的控制区和大型水体的影响区。此外,覆冰地区中的迎风坡、山岭、风口和垭口等微地形微气候区多为易覆冰区,该类区域应提前标注在地形图上,进行重点调查。

对于不易覆冰区域,应进行沿线普查,并应细心留意区域内零星分布的微地形微气候点,并查明轻、重冰区的分界点,在现场调查阶段进行复核。

在调查范围选定时应考虑现场交通情况,尽量选择距离输电线路近且有代表性的区域,对于交通不便的区域应尽量选取与工程地段邻近且地形、地貌、海拔、气候条件相类似的区域。

在输电线路工程的不同设计阶段,其覆冰调查范围的选择略有不同。在可行性研究与初步设计阶段,为满足后期路径可能出现调整的需要,调查范围应选择具有代表性的一般地形、山地地形和微地形微气候地段,在交通条件允许的情况下尽可能到达距离路径最近的调查点。在施工图设计阶段应尽可能选择距离塔位最近的具有代表性的调查点。

对于输电线路沿线及其与输电线路通道地形、气候类似的区域,原则上重冰区应每 1～2km 布置 1 个调查点,微地形严重覆冰段应加密布置调查点;中冰区应每 2～5km 布置 1 个调查点,微地形易覆冰段应加密布置调查点;轻冰区应每 5～10km 布置 1 个调查点。

(二)调查对象

调查对象应为亲临现场的覆冰目击者,通过他人转述的调查信息可靠性较低,因此调查对象一般为电力、气象、通信、交通、工矿、林业、民政等部门的现场工作人员以及当地居民,为保证调查历史最大覆冰信息的可靠性,调查对象应该为经验较丰富的工作人员或年龄较大且思维清晰的当地居民。

一般而言,不同行业、不同部门调查对象略有不同。通常,电力部门、通信部门的调查对象最好为冬季运维人员,气象部门为观测人员,交通部门为冬季道路管护人员,林业部门为巡山护林人员。

第三节　调查步骤与方法

从调查范围的确定到现场覆冰调查,需遵循一定的步骤和方法,主要目的是保证调查点无遗漏,调查内容无漏项。覆冰调查一般包括内业准备和现场调查两个阶段,现场调查过程中应注意调查质量的把控。

(一)内业准备

(1)首先应查阅工程区域已有覆冰资料和相关工程报告,结合路径方案和地形资料,确定调查范围内覆冰资料短缺区段或资料参考性较低的区段,初步判断覆冰严重、易覆冰和微地形微气候影响区段,确定覆冰重点调查区。

(2)根据调查区分类、沿线地形与海拔情况,结合沿线村落、已建电力、通信、交通设施分布和调查单位位置,初步布置调查点,并在地形图上对拟选调查点进行标注。

(3)综合考虑交通道路和天气变化,评估现场工作量并制定合理的调查路线,保证现场调查工作的顺利完成。

(4)准备现场覆冰调查所需的相应工具,如记录本、录音笔、相机、摄像机、GPS 等。

(二)现场调查

(1)根据内业制定的调查点和调查路线,选取合适的调查对象逐点进行覆冰调查。注意加强对高山气象站、通信基站、风电场、光伏电站、道班及电力线运维部门值班人员的调查。

(2)按照表 8-1 的调查内容进行逐项访问调查。为防止漏项,可提前印制调查简表,在现场按表 8-1 中内容逐项调查记录。

(3)用 GPS 设备对调查点位置进行采点记录,必要时可将调查点位置及覆冰情况标记于地形图上,方便后期资料整理。

(4)用纸质记录本做好现场调查内容的记录,条件允许时可进行录音或录像。

(5)根据现场路径调整情况,对拟选调查点及时进行补选和调整;若发现调查点实际调查条件差或调查资料可靠性低,则应对此类调查点进行变更或复查。

[例 8-1]　某工程现场覆冰调查记录。

某拟建输电线路工程现场覆冰调查资料见表 8-2,调查点记录情况见图 8-1。

表 8-2　某工程现场覆冰调查资料

项目	内容
调查时间	2018 年 4 月 13 日
调查地点	调查点 1、宣威市乐丰乡团结村
海拔	1300m
地形类别	迎风坡
调查对象	姓名：陆某，职业：村民，年龄：55 岁
冰害调查	2008 年覆冰最严重，附近 110kV 输电导线结冰后直径约 10cm，有一基铁塔被压歪
覆冰附着物调查	110kV 输电线路，南北走向，离地高度约 12m，线径为 18mm
覆冰基本情况调查	最大覆冰发生在 2008 年 1 月，地点在村子南边山头，持续 20 天左右，覆冰为较坚硬的雨雾凇混合冻结，呈椭圆形；一般年份覆冰直径有 5～6cm，房子后面的电线上每年都会结冰
覆冰相关因素调查	温度为 -3～-2℃，覆冰时为雨雪凝冻天气，雾比较大，2～3 级东北风，附近无明显大型水体，为山地较暴露抬升地形，植被情况较好

图 8-1　某工程现场调查点记录情况

(三) 调查质量控制

当进行现场覆冰调查时，为保证调查资料的质量，提高调查资料的可靠性，现场调查同行人数不宜少于 2 人。在覆冰严重区域，宜在同一地点调查多人，并相互印证，还应请调查对象实地指认，现场进行拍照、摄像和地形描绘。

当内业准备期间掌握的区域覆冰情况与现场初步调查情况有较大出入时，应及时对调查计划和方案做相应调整，适当增加调查点或调查对象，以确保区域调查资料的合理性、可靠性。

一般而言，冬季覆冰期开展现场调查成果的可靠性较高。因此，在条件允许的情况下，专项覆冰调查或踏勘尽可能安排在冬季覆冰期进行。

第四节　调查资料搜集

覆冰资料搜集(简称搜资)应分部门有序进行,有覆冰相关资料记录的部门主要有电力部门、气象部门、通信部门、交通部门和林业部门等。

(一)电力部门搜资

各地输电线路实行按电压等级分级管理,部分地区有一定差异。一般情况下,500kV 及以上输电线路由超高压输电公司管理,省(自治区、直辖市)电网公司主管境内 330kV、220kV 输电线路,地级市(地区、自治州、盟)电网公司主管境内 110kV 输电线路,县(区、市等)供电局主管境内 35kV 输电线路,镇(乡、街道等)供电所主管境内 10kV 及以下输电线路,部分小型水电站、风电场及光伏电站送出输电线路由发电公司自行管理。应向以上电力公司的设计部和运维部以及设计单位搜集附近已建输电线路的相关资料。

(1)搜资内容主要包括已建输电线路的路径及塔位坐标文件、水文气象报告、投运时间与运行资料、事故分析报告、覆冰监测数据和影像资料等。

(2)调查搜集输电线路运维部对已建线路的运维资料和经验,如覆冰严重的区段、地形、覆冰的海拔分布和植被情况等,运维过程中的实测、目测覆冰资料和影像。

(3)对于出现过冰害事故的输电线路,应详细调查搜资,主要包括:冰害时间、地点、海拔、地形;杆(塔)高度、杆(塔)型号、档距、线径、路径走向;覆冰长径、短径、重量、持续时间、形状、密度、影像;冰害事故记录和报告;修复采用的设计冰厚、抗冰措施及实施后的运行效果等。

(4)搜集当地最新发布的各重现期的冰区图。

(5)高山风电场及光伏电站的搜资应为集电线路的设计冰厚及冰害情况。

(二)气象部门搜资

一般情况,气象部门开展的结冰观测主要记录结冰现象和统计结冰日数,不测量覆冰重量,仅有少数气象站设有电线积冰观测项目。自 2008 年初我国南方地区遭遇严重的雨雪冰冻灾害以来,气象部门加大了对电线积冰观测的投入,多数台站的结冰观测架悬挂的是铁丝,少数台站的结冰观测架悬挂的是导线,因此在气象部门搜资时,应注意以下内容:

(1)搜集地面气象观测场的基本情况,主要包括地理位置、海拔、地形、观测年限及变迁情况;结冰观测架的高度、悬挂线型、观测方法、逐年逐次覆冰过程极值的长径、短径、重量、覆冰起止时间、覆冰种类及覆冰影像资料。

(2)调查搜集覆冰期的同时气象条件,包括温度、湿度、风速、风向、天气系统(冷暖气团、锋面系统)的形成与发展、移动路径、影响范围及持续时间等。

(3)调查搜集区域冰害天气资料、覆冰研究成果和冰雪预警文件,向观测人员了解区域覆冰成因和电线积冰观测情况。

(三)通信部门搜资

通信部门搜资内容主要包括以下内容:

(1)通信线路的投运时间,运行过程中实测、目测的覆冰直径,重量及覆冰种类,易覆冰地段的位置及杆距或地理位置及长度等。

(2)对于高山通信基站和电视转播塔可调查搜集供电线路的实测、目测覆冰直径,重量,覆冰种类以及通信设施和供电线路的覆冰受损情况。

(3)对于发生过冰害事故的通信线路和基站供电线路应进行详细搜资,主要包括:冰害时间、地点、海拔、地形、线路高度、档距、线径、覆冰长径、覆冰短径、覆冰重量、持续时间、形状、密度、照片、修复采用的抗冰措施及实施后的运行效果。

[例 8-2] 通信部门调查搜资记录。

某工程覆冰调查工作中向通信部门调查搜资的记录见表 8-3。

表 8-3 通信部门的覆冰调查搜资记录

项目	内容
调查日期	2016 年 9 月 5 日
搜资单位	马边县电信公司
姓名	向某
联系电话	xxx
职务	运维部主任
性别	男
调查内容	马边县境内没有出现通信线路倒杆断线的情况,南段烟峰乡以南地区几乎每年都会下雪,永红乡再往南的地区冰雪更为严重。 境内的通信线路基本顺沿江公路走线,光缆上基本都不结冰,永红乡往南的线缆上主要是覆雪,光缆最高位置在金口河电站,没发现有导线覆冰的现象,三河口的光缆也没有出现电线结冰现象,暴风坪区域没有光缆。 境内的基站都是采用 220V 输电线路,海拔一般较低,海拔最高的基站位于三河口乡金家沟村,海拔约 1500m,通信线路几乎无结冰现象,输电线路安全运行,未出现过结冰事故。 中国移动通信集团公司的基站,最高海拔约 1700m,位于三河口乡金家沟村,为 10kV 输电线路,线型为 35 号线,通信线路上有结冰现象,最大直径为 3～4cm,但未出现倒杆断线事故

（四）交通部门搜资

交通部门的覆冰搜资主要包括冰雪交通管制路段、时间、频次、路面的冰雪情况及影像资料。

[例 8-3]　交通部门调查搜资记录。

某工程覆冰调查工作中向交通部门调查搜资的记录见表 8-4。

表 8-4　交通部门的覆冰调查搜资记录

项目	内容
调查日期	2016 年 9 月 7 日
搜资单位	美姑县公路养护队
姓名	刘某、彭某
联系电话	xxx
职务	队长
性别	男
调查内容	区域内主要结冰地段有天喜乡、树窝乡、龙窝乡、挖黑乡、洪溪乡、农作乡较高海拔区段。结冰区域主要在林区，其中通往挖黑乡的公路上，雾气大，结冰严重。洪溪乡-抽乌沟的公路几乎年年都会结冰，车辆可带上链条通行，但 2008 年结冰并不严重，地面的冰雪很薄。 不结冰地段有县城-天喜段、乡政府附近、洪溪-美姑、美姑-农作乡、巴谷-农作

（五）林业部门搜资

林业部门覆冰搜资主要包括受灾的区域、范围、海拔、时间、频次、树木种类、高度、直径、倒伏比例、树干、树枝覆冰情况、照片，并实地查看林木受灾情况和受损痕迹。

[例 8-4]　林业部门调查搜资记录。

某工程覆冰调查工作中向林业部门调查搜资的记录见表 8-5。

表 8-5　林业部门的覆冰调查搜资记录

项目	内容
调查日期	2016 年 9 月 3 日
调查地点	马边县莜坝乡黄连山林场
海拔/m	1200
姓名	郑某
联系电话	xxx

项目	内容
职务	场长
性别	男
调查内容	该林场的最高海拔约 1900m，附近的公路高程约 1700m，林场建于 1969 年。 公路为农耕路，冬天有结冰现象，厚度约 1cm，桐油凝比较少见，泡雪比较多见。公路上积雪最深有 10～20cm，断面呈现冰、雪多层交替，2008 年年初的冰雪较为严重，冰雪深度 20～30cm，公路因结冰光滑，无法正常行走，政府部门采取了临时封山、封路措施。 一般年份，林场区域的降雪约 1 个星期，树木枝条上会结冰，拇指粗的树枝结冰后直径有 6～7cm，当气温回升时，冰雪随即融化。 郑场长在该林场工作约 30 年，冰雪随海拔分布的特点表现为：1200～1500m 地段不易结冰，但有积雪，途经此区域的输电线路最高海拔约 1500m，导线上有覆雪，未发现结冰现象；1700～1900m 保护区是天然林，虽易结冰，但树木枝条很少被压断

(六) 其他部门搜资

(1) 民政部门和应急部门覆冰搜资应为区域冰害情况报告。

(2) 通过地方志办公室、档案馆及图书馆查阅冰害文献，主要包括地方志、气象志、气象灾害大典及地方年鉴中关于历史覆冰的天气描述、覆冰的景况描述、冰雪灾害及覆冰量级的文字记录等。

[例 8-5]　查阅县志文献资料。

某工程查阅沿线县志中对冰害的描述如下：

大方县地处高寒山区，冬季冷风入侵，常常雾罩弥漫，低温绵雨，形成雨凇或雾凇，时有雪雨或冻雨夹雪，1957～1980 年 24 年中发生凌冻 828 天次，平均每年达 34.5 天次，年平均凌冻时间超过 400h。最长一次是 1967 年 1 月 31 日到 2 月 17 日，历时 18 天。凌冻从 11 月到次年 3 月都有出现，其中 1～2 月最多。积冰厚度最厚时达 50mm 左右，电线积冰量大，重量超过 200g/m，对境内交通、邮电、工农业生产的危害较大。

第五节　调查资料整理

覆冰调查资料包括各行业的建设项目所遭遇的冰害情况、文献记载的覆冰资料以及当地居民描述的覆冰记忆资料。对于覆冰调查资料应及时整理汇总，按要求整编成果，并进行成果可靠性评定。选用可靠和较可靠的调查成果，用于高度、线径、重现期、走向、地形换算、覆冰密度、形状系数、标准冰厚的计算，确定或检验设计冰厚。

一、资料整编

(一)资料及来源

覆冰调查资料来源于电力、气象、通信、交通、林业、民政、档案等部门和当地居民,具体见表8-6。

表8-6 覆冰调查资料及来源

来源	资料内容
电力部门	(1)已建输电线路的最大覆冰资料和设计冰厚资料; (2)冰害输电线路的最大覆冰资料、修复前后设计冰厚资料; (3)高山风电场和太阳能电站集电线路的最大覆冰资料和设计冰厚资料
气象部门	(1)气象站覆冰观测资料; (2)专用观冰站(点)覆冰观测资料
通信部门	(1)通信线路的最大覆冰资料; (2)高山通信基站供电线路的最大覆冰资料; (3)高山电视转播塔及供电线路的最大覆冰资料
交通部门	冰雪交通管制路段最大覆冰资料
林业部门	冰灾区域树木最大覆冰资料
民政部门	区域冰害情况报告
档案部门	地方志、气象志、中国气象灾害大典、气象年鉴的冰害记录
当地居民	现场覆冰附着物最大覆冰资料

在现场覆冰调查时,应分析、判断、汇总覆冰调查资料,将调查点成果标识在路径图上,并检查调查点分布的合理性以及调查覆冰与地形、气象条件的合理性,发现问题及时复查核实。

(二)整编成果

覆冰调查资料的整编成果包括调查时间,调查点序号、地名、海拔、发生年份、地形类别,覆冰直径,覆冰附着物名称、直径、离地高度、走向,覆冰期主导风向,调查重现期,覆冰密度,形状系数,可靠度,调查点覆冰照片,可按附录F所示格式填写。

(三)整编方法和数据用途

1. 覆冰直径和覆冰附着物直径

从覆冰调查记录表中提取覆冰附着物名称、覆冰附着物直径$(2r)$和覆冰直径

$(2R)$，填入覆冰整编成果表中，覆冰直径包含覆冰附着物直径。在设计冰厚计算时，覆冰直径和覆冰附着物直径用于覆冰密度、标准冰厚计算和线径换算。

2. 调查重现期

调查重现期根据现场调查资料、冰害记载查阅资料等进行综合分析确定。例如，在可追溯的年限内，根据历史覆冰气象情况统计，从影响范围、冰雪严重程度、覆冰厚度、积雪深度等方面综合比较。例如，某地区自 1929 年开始有电线覆冰记录以来，2008 年覆冰量级排在自有记录以来的第 1 位，估计其覆冰重现期大于 80 年。在设计冰厚计算时，调查重现期用于重现期换算和设计冰厚计算。

[例 8-6] 利用覆冰调查资料评估覆冰重现期。

本例根据湖南省最近 200 年出现大冰雪的历史记录[26]，介绍利用覆冰历史资料估计 2008 年覆冰重现期。

嘉庆二十年，1815 年，平江冬十二月大凌。

咸丰十一年，1861 年，醴陵正月兼旬大冻，木冰介，大树冻死；善化、宁乡、益阳等地腊月大雪深四五尺，河水冰坚可渡，树木人畜多冻死。

同治元年，1862 年，保靖境内冬大凌，坚冰厚三尺，池塘可行人，逾旬不解，树木多冻死，柑橘尤甚；善化冬大凌，竹木多折；宁乡、武冈、益阳正月雪深二尺有余，坚冰厚三寸，池塘可行，逾旬不解，树木多死；新宁、岳阳、平江等地正月大凌，各县大雪，深达四五尺，河水冰坚，树木多冻死，人畜亦冻死不少。

同治三年，1864 年，安华正月大冰，树木压折至伤人；宁乡正月大雪；善化正月大凌；湘乡大凌，浏阳正月恒寒，十九日雪而雷；攸县正月河池皆冰，鱼多冰毙；兴宁正月大雪月余，冰厚盈尺，树木多折。

同治四年，1865 年，清泉正月大雪雨，木冰旬余乃介，蔬菜尽搞；邵阳、安仁正月江水冻结，可通往来；桂阳大雪十余日，鸟兽草木冻死者半，鱼冻死自浮冰上。

光绪十八年，1892 年，宁远冬大雪，冰历月余，雀兔冻死者无数。

光绪二十六年，1900 年，宁乡正月木冰介，十一月大雪旬日，深尺余，结冰。

1916 年，益阳、宁乡各地冬大凌，历年罕见，长沙、岳阳等地连日冰冻，以致电杆被折坏，脱断电线数百副，电杆数十根。

1917 年，宁乡十一月底下雪，冰凌一个月，沩乌一带雪深尺余，塘冰三至四尺。

1924 年，宁乡、益阳、古丈冬大雪，十一月至次年正月大雪大凌，局地雪深三尺。

1929 年，益阳冬凝寒，竹木多冻死，江河水面可行车；临湘、湘阴冬作物大损；宁乡大雪大凌，沩山雪深四至五尺，湘北十一月中旬大冰冻，岳阳平地雪深两尺，铁路沿线电杆电线压断不少，电信中断，铁路停车；洞庭湖面冰厚达半尺；冬作物全部冻死，铁路沿线电杆电线压断不少；临湘、岳阳冰冻四十五天；湘潭、湘乡冰冻四十八天；宁远、汝城、永兴等地冰冻四十八天，池塘冰厚二尺，竹木折断百分之八十以上。

1932 年，宁乡冬雪凌一月，偕乐桥雪深尺余；古丈、新化十二月大冻，雪深三尺许，冻断竹树甚多。

1938 年，宁乡冬雪凝，朱石桥雪深一尺多。

1943 年，益阳、岳阳冬大雪十多天；永兴山地冰冻一个月，平地半个月，折树百分之六十以上，死牛甚多。

1954 年 12 月下旬至 1955 年 1 月，湖南省出现 1929 年以来罕见的大冰冻；最低气温-9～-8℃，洞庭湖冰冻时间持续 18～20 天，湘中 10～15 天，南岳高山长达 31 天，电线覆冰直径一般为 5～7cm，沅江为 12cm，南岳望日台覆冰长径为 120cm，南岳山 1m 电线覆冰最大重量为 16.4kg；岳阳电线积冰长径约 70mm；常德、益阳、怀化等地均冰凌严重，灾害损失惨重。

1963 年，湖南省出现大范围冰雪天气，平均积雪深度为 15～20cm，山地深约 30cm；雨凇一般持续 5～6 天，最长的湘西持续约 20 天，高山寒地达一个月；湘西平地雪深为 15cm，长沙电话线冰厚约 1cm；其余各地均受灾严重。

1968 年，湖南省大部分地区出现自 1954 年以来最严重冰冻，湘北、湘南雨凇冰冻 20 天，其他地区 10 天以上，临湘出现最低温-18.1℃，为湖南有气温记载以来最低记录；各地都倒杆断线，损失惨重。

1976 年冬季至次年 2 月，湖南省出现历史罕见的低温严寒大雪天气；湘西、常德、湘潭等地均有少见的冻害；岳阳雪深 17cm，怀化最大积雪深度达 5cm，郴州平均冰冻天气约 20 天，最长冰冻达 53 天(永兴县)；受灾严重。

1984 年，受强冷空气影响，99 个县(市)出现冰冻，一般冰冻日数为 5～15 天，最长 22 天，一般地区积雪深度为 22cm，个别山谷地区约 30cm，有 3 个县(市)积雪超过历史记录；湘南以冰冻为主，湘中、湘北以积雪为主，湘西南和湘东南为严重冰冻年，湘西北、湘东北为轻冰冻年，其他地区为中等冰冻年。

1999 年元月中旬，受弱冷空气和高空暖湿气流影响，湘西、株洲受到大雪、冰冻袭击，交通、电力、工农业均受到一定影响，灾害造成了严重的经济损失；其中株洲 6 条供电线路、2 个变电站受灾。

根据上述的历史覆冰气象情况统计，从影响范围、冰雪严重程度、覆冰厚度、积雪深度等方面综合比较，2008 年的冰灾大约排在自 1815 年以来的第 2 位，估计其覆冰重现期约 100 年。

3. 地形类别

地形类别按一般地形、山口(垭口)、迎风坡、山岭(山脊)、背风坡、山麓、山间平坝填写。鉴别的方法见表 8-7。在设计冰厚计算时,地形类别用于地形换算。

表 8-7 地形类别特征

地形类别	特征
一般地形	(1)地形平缓起伏较小; (2)风场均匀,风速中等
山口 (垭口)	(1)两侧有较高山岭,大部分气流集中从风口通道流过; (2)风速流畅,风速特别偏大
迎风坡	(1)气流能受一定程度集中的山岭(山脊)迎风坡地; (2)风速流畅,风速偏大
山岭 (山脊)	(1)长条形或带状连续山体,气流在山岭或山脊处集中流过; (2)风速流畅,风速偏大
背风坡	(1)气流能受一定程度扩散的山岭(山脊)背风坡地; (2)风速不大或偏小
山麓	(1)山岭或山体与平坝的相连地带; (2)风速不大或偏小
山间平坝	(1)四周为较高山地的洼地或盆地,相对高差大; (2)风速小

4. 覆冰附着物走向和覆冰期主导风向

西南院公司研究发现,导线覆冰与覆冰期主导风向有密切关系。当覆冰附着物为导线时,应调查其走向和覆冰期主导风向。从覆冰调查记录表中提取覆冰导线走向、覆冰期主导风向,填入覆冰整编成果表中。在设计冰厚计算时,覆冰附着物走向和覆冰期主导风向用于走向换算。

5. 覆冰密度

覆冰种类不同,覆冰密度存在差异;覆冰种类相同,测量阶段(发展期、保持期、消融期)不同,覆冰密度也存在差异。一般而言,在同一覆冰过程相应最大覆冰海拔线以上,雾凇和雨雾凇混合冻结覆冰密度随海拔的升高而减小。根据调查资料,判定覆冰种类的方法有如下几个:

(1)综合分析选用邻近类似气候、地形区域的实测导线覆冰密度资料。

(2)无实测覆冰密度资料且借用覆冰密度有困难的地区,要了解当地对输电线路危害最大的覆冰种类和特性,考虑覆冰的发展阶段、空间分布位置,按表 8-8 所给出的覆冰密度范围选用调查覆冰密度。高海拔地区宜选用较低值,低海拔地区宜选用较高值。

当输电线路路径较长,受地形、气候影响,各段输电线路覆冰种类、密度不同，要注意根据实际情况分段选用不同的覆冰密度。在设计冰厚计算时，覆冰密度用于标准冰厚计算。

表 8-8　覆冰密度范围

覆冰种类	雨淞	雾凇	雨雾凇混合冻结	湿雪
密度/(g/cm³)	0.7～0.9	0.1～0.3	0.2～0.6	0.2～0.4

6. 形状系数

通常覆冰形状为近似椭圆形的不规则体，由于导线距地面几米至几十米，目估误差较大，调查资料多称覆冰形状为圆形，故为了减少目估误差，进而考虑了覆冰形状系数。当无实测覆冰资料时，调查覆冰形状系数可根据表 8-9 选用。小覆冰大多为迎风侧覆冰的扁平形，形状系数小，宜选用较低值；大覆冰多为近似圆形的椭圆形，形状系数大，宜选用较高值。对输电线路产生危害的是大覆冰，在选用形状系数时注意选取大覆冰相应的长径、短径数据，使成果趋于安全、合理。

表 8-9　覆冰形状系数

覆冰种类	覆冰附着物名称	覆冰形状系数
雨淞、雾凇、雨雾凇混合冻结	电力线、通信线	0.8～0.9
	树枝、杆件	0.3～0.7
湿雪	电力线、通信线、树枝、杆件	0.8～0.95

二、可靠性评定

覆冰调查资料可靠性直接影响覆冰数据使用效果，应对覆冰调查资料可靠性进行评定[27]，表 8-10 按资料来源、受访者印象和旁证给出了可靠评定标准。

表 8-10　覆冰调查资料可靠性评定标准

可靠性	可靠	较可靠	供参考
评定因素	(1)实测；(2)电力、通信、气象或高山建筑物的值班、巡视、抢修人员现场观测，有记录，有旁证	当地居民或知情者亲眼所见、目测，印象较深刻，所述情况较逼真，有旁证	亲眼所见，但所述情况不够清楚、具体，或清楚、具体，但无旁证

[例 8-7] 输电线路工程覆冰调查资料整编。

某输电线路工程覆冰调查资料整编成果见表 8-11。

表 8-11 某输电线路工程覆冰调查资料整编成果

| 序号 | 地名 | 海拔/m | 出现年份/年 | 主导风向 | 地形类别 | 覆冰直径/mm | 覆冰附着物 | | | | 调查重现期/a | 覆冰密度/(g/cm³) | 形状系数 | 可靠性 |
							名称	走向	直径/mm	高度/m				
1	xx 县两路乡大井坪	2100	2008	N	迎风坡	100	高压线	NW-SE	27.4	20	100	0.6	0.9	可靠
2	xx 县两路乡大井坪	2000	2008	N	迎风坡	60	树枝	—	10	2	100	0.6	0.7	可靠
⋮	⋮	⋮	⋮	⋮	⋮	⋮	⋮	⋮	⋮	⋮	⋮	⋮	⋮	⋮

覆冰照片

2016 年 12 月 20 日

三、数据选用

某一地点调查覆冰厚度的选用值为该点多个可靠和较可靠的调查覆冰厚度的算数平均值。覆冰调查时所取得的调查成果可能不是最大冰厚,若气象环境变化,则已获取的覆冰调查数据应注意加以订正。

输电线路沿线覆冰调查整编成果可用于设计冰厚计算或用于覆冰观测资料计算的设计冰厚合理性检验。在无覆冰观测资料地区,可靠的覆冰调查成果对于设计冰厚的确定起重要作用。

第九章 拟建输电线路覆冰踏勘

重覆冰地区的覆冰分布特性较为复杂，覆冰随地形的不同存在较大的差异性。当覆冰资料短缺或无实测覆冰资料时，对拟建输电线路的易覆冰区段进行覆冰踏勘和搜集沿线覆冰资料是合理确定输电线路设计冰区的有效途径，可为易覆冰区输电线路的经济建设与可靠运行提供重要支撑。

本章主要介绍拟建输电线路覆冰踏勘内容与范围、踏勘步骤与方法及踏勘成果与实例。

第一节 踏勘内容与范围

根据《架空输电线路覆冰勘测规程》(DL/T 5509—2015)[26]的要求，结合实际工作经验，本节对拟建输电线路覆冰踏勘内容与范围进行说明。

一、踏勘内容

拟建输电线路的覆冰踏勘主要包括：确定有覆冰现象的海拔、查明微地形严重覆冰地段、巡测覆冰及同时气象要素、调查访问路径通道居民、标注踏勘点（调查点）位置、查明区域地理环境对覆冰的影响、拍摄影像记录、复核已有冰区划分成果的合理性。

(一)确定有覆冰现象的海拔

有覆冰现象的海拔的确定包括有覆冰现象的起始海拔和最高海拔的确定，主要观察拟建输电线路踏勘区域有覆冰现象和无覆冰现象的分界线位置，如图 9-1 所示，判明山体的覆冰分界线，可利用海拔测量仪器进行测量与记录，也可利用地形图(1∶50000 或 1∶10000)或地理信息软件获取海拔数值。对于不同重现期等级的覆冰过程，有覆冰现象的起始海拔和最高海拔不尽相同，应注意分析判断。

图 9-1　某山体的覆冰分界线

(二)查明微地形严重覆冰地段

查明地形对覆冰的影响是覆冰踏勘的一项重点工作,特别是微地形微气候对覆冰的影响。微地形重冰区一般位于寒潮路径区域山地的迎风坡、山岭、风口和邻近湖泊等大水体的山地、盆地与山地的交汇地带。微地形覆冰的查勘首先要对微地形进行辨识,判断其类型和大致影响范围,并在微地形地段与附近一般地形地段分别设立观冰站(点)进行同步覆冰观测,结合覆冰期实地踏勘和调查,对比微地形地段与一般地形地段的覆冰差异,分析不同类型的微地形对覆冰类别、量级的影响范围和影响程度。微地形类型、对应的地形特征及其覆冰情况参见第十二章。

在覆冰踏勘工作中微地形区域覆冰重量的判别应注意以下几点:

(1)风口等微地形对覆冰的增大影响显著。

(2)一般情况下,海拔越高,温度越低,风速越大,如果湿度条件适宜,覆冰就越大;但在一些特殊的地形及气象条件下,覆冰并非随海拔的增高而增大,如俗称的"腰凌"地带。

(3)受寒潮和海洋性气候影响,我国部分沿海的低海拔地区覆冰也较为严重。

(三)巡测覆冰及同时气象要素

拟建输电线路覆冰过程期间踏勘需要巡测不同地段与不同地形的覆冰要素及同时气象要素,观冰点的布置必须具有代表性,能充分反映每个冰区段的覆冰特性。一般地段宜每 1～3km 布置 1 个观冰点,对覆冰分布复杂的重冰区和微地形段，需加密布置观冰点，并对观冰点的海拔、地形进行具体描述。

覆冰要素巡测包括覆冰体长度和覆冰种类、覆冰长径、覆冰短径、覆冰重量、周长等，并测量覆冰附着物的直径及离地高度；同时气象要素观测包括覆冰同时气温、风速、风向、积雪深度及天气现象等，并记录观测时间。观测结果及时记录于覆冰踏勘观测记录表中，可按附录 G.0.1 所示格式填写。覆冰长径及覆冰同时气象要素观测见图9-2。

(a) 覆冰长径测量　　　　　　　　　　　　(b) 风速、风向观测

图9-2　覆冰长径及覆冰同时气象要素观测

(四)调查访问路径通道居民

拟建输电线路覆冰期的调查访问对象主要是路径通道内的居民。调查访问的地点一般为观冰点、拍照点及微地形点等重要位置附近。沿线对当地居民的调查访问一般在同一地点查访多人，相互印证，并评定调查资料的可靠性，评定方法参见表8-10。若多个调查结果差异较大，需要邀请文化水平相对较高的村干部、教师、经验丰富的村民等进行座谈，查明与分析调查结果差异的原因，确定合理、可靠的调查结果。覆冰期调查内容主要包括：

(1)历史上严重覆冰出现的频次和时间，包括覆冰持续时间、影响范围及天气情况等。

(2)区域内最大覆冰出现的时间、地点、海拔、地形，覆冰附着物种类、直径、离地高度、走向和覆冰形状、种类、长径、短径或直径、周长等，估算历史最大覆冰量级及重现期。

(3)区域内历史最低凝冻或雪线位置，测量对应的海拔数值。

(4)区域内冰害情况调查，包括不同等级输电线路以及林木植被、房屋建筑等。

(5)利用路径图或地理信息软件等，调查访问并标示出区域内覆冰严重的区域。

(6)近年来人类活动影响以及环境变化，如林区变荒山、荒山变林区、大型水库建设使水体面积增加等，应调查人类活动和环境变化前后的覆冰变化情况。

（五）标注踏勘点（调查点）位置

在地形图或地理信息软件中，采用不同的图例标示出微地形点、调查点、观冰点、影像拍摄点、凝冻或雪线位置等，绘制路径通道内覆冰严重区域，如图9-3所示。分析微地形点、调查点、观冰点、影像拍摄点、凝冻或雪线位置等与路径通道的相对位置和相对高程关系及其对路径区域的代表性。

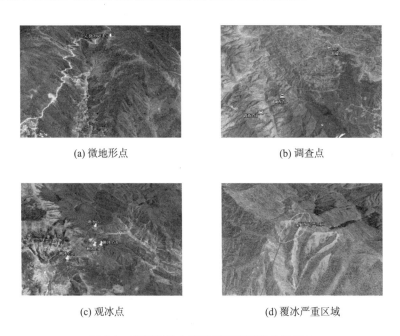

(a) 微地形点　　　　　　　　　　　　　　(b) 调查点

(c) 观冰点　　　　　　　　　　　　　　(d) 覆冰严重区域

图9-3　某拟建输电线路覆冰期踏勘位置标注

（六）查明区域地理环境对覆冰的影响

不同地区的覆冰具有不同的区域气候背景，其对覆冰的影响规律也各有差异。一般情况下，在四川、云南及西北等部分区域的踏勘重点是查明地形和冷、暖空气共同影响覆冰的规律；在湖南、贵州、湖北、江西、广西、广东北部等区域的踏勘重点是查明地形与冻雨天气对覆冰的影响规律；在山东、浙江、福建等沿海省（区）的踏勘重点是查明覆冰期寒潮（冷空气）和海洋气流对覆冰的影响规律。

首先，向当地气象局调查了解区域内的气候背景和覆冰天气成因，包括冬季（寒潮）冷空气和暖湿气流的来向、逆温层的高度等。

在覆冰期实地踏勘时，对于覆冰相对严重的区域，需选择1～2个地形突出的位置，在该位置现场查看路径区域的大地形情况，绘制地形草图，结合地形图或地理信息软件，辨别覆冰期的主导风向，结合覆冰气流的移动方向分析地形对气流的引导、集中与扩散作用，观察路径通道区域的水体分布和林木、植被情况（如植被的密集程度、林木的高度、植被的长势、倒伏折损情况、最大折断树枝的直径等),结合区域的覆冰调查成果,综合分析地理环境对区域覆冰与局地覆冰的影响情况。

(七)拍摄影像记录

在覆冰踏勘中,需保留必要的影像记录,包括实地的静态和动态覆冰记录。静态覆冰记录主要是指与覆冰相关的照片资料;动态覆冰记录包括导线覆冰视频、云雾流动视频及同一踏勘点不同时刻的覆冰影像等。

覆冰期踏勘影像拍摄的重点是导线、拉线、杆塔、树枝及其他地物上的覆冰,此外还要注意拍摄包括地形、云雾特点、云雾流动方向以及覆冰体截面。拍摄的影像能识别覆冰附着物及其方向(平行地面、垂直地面、与地面成一定夹角等)、覆冰的种类(雨凇、雾凇、雨雾凇混合冻结、湿雪)、覆冰直径相对覆冰附着物直径的比例、周边地形情况等,见图9-4。

(a) 雨雾凇混合冻结覆冰的剖面结构

(b) 覆冰直径与覆冰附着物直径对比

(c) 踏勘点附近地形特征

(d) 易覆冰区域云雾特点

图9-4　踏勘期不同拍摄重点的覆冰照片

(八)复核已有冰区划分成果的合理性

根据踏勘期凝冻或雪线位置、微地形段覆冰查勘、覆冰及同时气象要素观测成果、当地居民调查访问成果、区域地理环境和人类活动对覆冰的影响分析、历史大覆冰与踏勘时覆冰对比分析,查清路径通道区域覆冰主要种类、最高量级、不同量级的区域分布和分界位置与分界海拔、微地形对覆冰量级的影响程度等。再根据踏勘期覆冰查勘和已有冰区划分成果，复核已有冰区划分的合理性，重点复核以下几个方面：

(1)已有冰区划分的覆冰最高量级是否合理。

(2)已有冰区不同覆冰量级的分界点位置是否合理，特别是中、重冰区的分界点。

(3)相对于已有冰区划分时的微地形辨识成果，是否有新增或误判的微地形点，复核微地形对已有冰区划分成果的影响。

(4)结合路径方案优化已有冰区划分成果，并及时与设计专业人员沟通避冰、抗冰方案的可行性。

二、踏勘范围

拟建输电线路的覆冰踏勘范围必须涵盖覆冰区的不同地形和不同气候区域，具有一定的代表性，能充分反映每个覆冰区段的覆冰特性，主要包括如下几方面：

(1)设计冰厚大于 10mm 的中、重冰区，特别是 20mm 及以上重冰区段。

(2)不同覆冰量级(轻、中、重)冰区分界点位置。

(3)辨识的微地形重冰区段，包括风口或风道、山岭、迎风坡等。

(4)若路径通道经过偏远无人区，难以开展覆冰踏勘，则应在路径通道区域附近且地形、海拔、气候与路径通道相似的地段开展覆冰踏勘。

第二节　踏勘步骤与方法

拟建输电线路的覆冰踏勘步骤主要包括踏勘作业准备、踏勘期与方案确定、现场踏勘、踏勘方案动态调整、踏勘资料整理等。

(一)踏勘作业准备

1. 路径图准备

根据规划拟定的路径方案准备地形图，在纸质图(1∶50000 或 1∶10000)或地理信息软件上标注路径方案，在地理信息软件中下载路径方案沿线 5～10km 的卫星混合图。

2. 资料收集

(1)查阅拟建输电线路相关资料，包括已有冰区划分成果，微地形辨识成果，已有搜资、调查、踏勘成果资料，相关遗留问题等。

(2)邻近地区覆冰资料及分析成果报告，包括冰区划分成果，路径方案，沿线海拔区间，与本工程相关的搜资、调查、踏勘成果资料。

(3)拟建输电线路相应设计重现期的冰区图。

3. 路径方案研究

根据现有最新路径方案，梳理输电线路沿线经过的主要县(市、区)、乡(镇、社区)，输电线路沿线经过的主要山脉，途经区域最高海拔与最低海拔等。同时，根据已有冰区划分情况、已有工程经验及冰区图等，了解覆冰严重地段、主要微地形地段、资料短缺地段及需要现场复核的地段，在路径图或地理信息软件中进行标注，确定重点踏勘区域。

4. 踏勘道路选择

由于确定的重点踏勘区域一般位于山区，地形复杂、人烟稀少、交通条件差，而且冬季覆冰期常存在交通管制，所以预先选好踏勘道路是拟建输电线路冬季踏勘正常开展的关键。

(1)可应用地理信息软件寻找可到达拟踏勘位置的道路，并进行标识。

(2)当有多条道路可到达拟踏勘位置时，应进行道路比选，优先选择路况条件好、安全系数高的道路。

(3)对有可能存在交通管制而影响覆冰踏勘的道路，需至少再选择1条备用道路或选择一个与踏勘区域地形、气候相似的备用踏勘区域。

(4)在有条件的情况下，应在开展覆冰期踏勘前对道路进行事先熟悉。

5. 仪器和人员配备

1)仪器用品准备

覆冰踏勘需准备的工具和设备主要包括：安装有地理信息软件的电子设备、路径图、长度测量工具、取冰专用工具、称重工具、照相机、便携式气象观测仪、踏勘记录本、记录笔等；若条件允许，可准备望远镜或长焦相机。

除涉密地形图外，其他工具和设备一般都随车携带。在每次覆冰踏勘期开始前，清点工具和设备是否配备齐全、是否有损坏、是否能正常工作，工具和设备配备与检查对照表可参见附录表 G.0.2。

2)安全装备配置

由于易覆冰输电线路大多位于山区，天气寒冷，覆冰期冰雪较大，容易迷路、滑倒等，踏勘作业具有一定危险性，所以应配备必要的安全装备，包括登山杖、防滑冰爪、安全帽、防寒手套、防寒服、防寒帽等。

3)人员配备

为保证踏勘人员的人身安全，便于工作开展，确保踏勘资料的真实性和准确性，踏勘工作不宜少于 2 人同行。

6. 工作大纲编制

为保证覆冰踏勘工作按计划要求正常开展，需编制切实可行的覆冰期踏勘工作大纲。工作大纲主要包括以下内容：

(1)踏勘依据及遵循的技术规程、踏勘范围、踏勘内容及踏勘重点等。

(2)踏勘作业的质量目标及相应的对策措施。

(3)踏勘作业的计划和基本的踏勘路线。

(4)踏勘作业的人员安排及作业分工。

(5)现场危险源辨识及其安全控制措施等。

(二)踏勘期与方案确定

1. 踏勘期确定

关注未来 3～10 天的中期天气预报和 1～2 天的短期天气预报，根据天气预报对寒潮(冷空气)天气过程的预测，了解路径通道区域可能引起的降温幅度、影响程度及持续时间，确定拟建输电线路的踏勘期。在条件允许的情况下，一般每个冬季选择 2～3 个覆冰踏勘期。

2. 踏勘方案确定

根据拟定踏勘期的覆冰过程可能的开始时间与结束时间、影响拟建输电线路路径的位置及不同区域受影响的先后顺序，确定具体的踏勘进度安排和踏勘路线。踏勘进度计划根据覆冰过程的影响时间确定，一般在覆冰过程开始后开展，直至覆冰消融。踏勘路线根据寒潮及暖湿气流对路径通道不同区域影响的先后顺序确定。

同时，每日均应关注天气预报的动态变化，如天气系统移动速度的变化、线路不同路径位置受影响时间的变化、降温强度与降温范围的变化等。当预报的寒潮和暖湿气流对路径区域的影响时间、范围、强度等发生明显变化时，需及时对制订的踏勘方案进行调整。

(三)现场踏勘

现场踏勘应严格按照工作大纲的策划开展，对重要踏勘区域特别是严重覆冰区域、冰区分界段、微地形区域、不具备调查条件的无资料区域加强踏勘，获取的踏勘资料需现场校验，确保原始资料的代表性、可靠性、一致性。

(四)踏勘方案动态调整

因路径方案调整、天气情况变化和踏勘道路限制等三个方面的影响，需对踏勘方案进行动态调整并制定相应的对策措施：

(1)当拟建输电线路路径方案调整，可能导致冰区量级增加、轻重冰区长度变化时，需根据最新路径方案，在现场划定新的重点踏勘区域并开展针对性的覆冰踏勘。

(2)当天气情况变化导致踏勘方案调整时，需根据覆冰天气系统的移动速度、影响范围和影响强度制定新的踏勘进度和踏勘路线。当天气系统移动速度变快时，需加快踏勘进度；当天气系统影响范围变小时，需及时取消不再受覆冰天气影响的踏勘区域。

(3)当因道路限制无法到达拟定踏勘区域时,应及时在地形图或地理信息软件中寻找其他路线，尽可能到达路径区域附近；若确无其他可用道路时，应仔细查看地形图或地理信息软件等，对比周边地形情况，选择与拟踏勘路径区域海拔相当、地形相似的区域进行踏勘。

(五)踏勘资料整理

覆冰踏勘基础资料应每日及时进行整理，整理内容包括踏勘点与路径方案的位置关系、踏勘点位置的标注、踏勘点的基本情况(海拔、地形、植被、覆冰与同时气象要素巡测资料、调查访问资料、气候与天气情况描述、影像资料等)等，同时需对踏勘资料进行合理性、可靠性、代表性分析，确保踏勘资料准确完整。

踏勘资料整理后应初步分析踏勘成果与拟建输电线路冰区划分成果的相符性和差异性，标注可能需要进一步复核的地段。

第三节　踏勘成果与实例

拟建输电线路覆冰踏勘成果表现形式通常为覆冰踏勘成果报告，本节对相应的覆冰踏勘成果内容进行介绍，并以实例对拟建输电线路覆冰踏勘过程进行说明。

一、踏勘成果

踏勘完成后应编写覆冰踏勘报告，总结覆冰踏勘的主要成果、提出对拟建输电线路冰区划分的调整与建议、说明踏勘存在的遗留问题等。覆冰踏勘成果一般包括四个方面的内容：覆冰与同时气象要素巡(观)测成果、影像资料成果、调查访问记载成果及专项踏勘报告。

（一）覆冰与同时气象要素巡（观）测成果

对于无固定位置的巡测点，覆冰与同时气象要素的巡测成果记录于覆冰踏勘巡测成果表。

对于固定位置的观测点，覆冰与同时气象要素的观测成果记录按第四章观冰站（点）覆冰观测的要求执行。

（二）影像资料成果

影像资料成果为踏勘影像集。踏勘影像集可按踏勘点或踏勘期整理后分开存放。踏勘影像集中的影像资料应能够清楚识别拍摄点的基本情况，必要时可修改影像集中照片或视频的名称以说明不同照片或视频反映的不同踏勘情况。

（三）调查访问记载成果

调查访问记载成果为调查记载手簿和访问录音。调查记载手簿中主要记录访问路径通道居民调查成果、观冰点和拍照点地形草图，以及地形描述、微地形草图和微地形特征描述、冷空气与水汽通道草图及特征描述等。访问录音主要记录受访人员关于区域覆冰与灾害情况的语音描述。

（四）专项踏勘报告

覆冰专项踏勘报告主要包括如下内容：

（1）踏勘区域地形、气候描述，即基本气候特征、海拔分布、地形类别、覆冰天气成因等。

（2）踏勘区域覆冰基本情况，即覆冰时空分布、覆冰量级区间、覆冰性质、覆冰频次等。

（3）覆冰期冷空气与水汽的来源和交汇区、地形对覆冰气流的引导、抬升与阻挡作用的分析成果。

（4）区域覆冰的海拔分布、严重覆冰地段及微地形区的分析成果。

（5）踏勘期间巡（观）测成果资料和调查访问成果资料在拟建输电线路冰区划分中的应用分析，覆冰造成的损害（输电线路倒杆断线、林木折损等）情况分析。

（6）踏勘成果总结，包括区域覆冰量级与分布、影响因素及范围、持续时间及重现期的客观评价，踏勘成果在拟建输电线路冰区划分中的应用，并对已有冰区划分的合理性进行评价。

（7）踏勘遗留问题及相关建议等。

二、踏勘实例

以某拟建特高压直流输电线路工程2016～2017年度冬季覆冰踏勘为例详细说明

覆冰踏勘的步骤、踏勘方法与踏勘成果等。

该拟建特高压直流输电线路工程可行性研究设计工作于 2016 年 10 月启动，初步设计工作于 2017 年 3 月启动，因此 2016～2017 年度冬季是开展覆冰踏勘较好的时间。

(一)踏勘作业准备

1. 路径图准备

根据设计专业提供的最新路径方案，在地理信息软件中下载工程区域数字地形图并标注路径，如图 9-5 所示，深色带状区域为路径方案和沿线卫星混合图下载区域。

图 9-5　路径方案沿线数字地形图

2. 资料搜集

搜集本工程可行性研究阶段的覆冰资料、水文气象报告、冰区图资料，附近已建其他输电线路工程的水文气象报告、搜资、调查、踏勘成果资料等。

3. 路径方案研究

根据最新路径方案，确定了输电线路经过的主要县(区)、乡(镇)，输电线路沿线最高海拔约为3100m，最低海拔约为1900m。根据 100 年一遇冰区图及已建输电线路设计运行情况，本输电线路沿线覆冰量级在 10～30mm，覆冰严重区域主要分布在碌王山和乌蒙山区域的高山垭口和突出山岭(脊)。根据本工程可研阶段水文气象报告冰区划分成果，本输电线路冰区量级为 10mm、15mm、20mm、

30mm，重冰区比例约为 30%。

根据输电线路沿线覆冰量级、已有资料和前期踏勘情况，确定本次重点踏勘区域为沿线某观冰点和某风电场，见图 9-6。同时，为防止踏勘期封路等情况，对每个踏勘区域均选择了 3 条踏勘道路。

 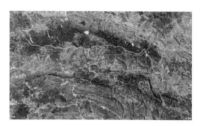

(a) 某观冰点踏勘区域(A区域)　　　　　　(b) 某风电场踏勘区域(B区域)

图 9-6　重点踏勘区域和踏勘路线

4. 相关仪器和人员准备

根据现场实际情况，配置了安装有地理信息软件的手机、路径图、游标卡尺、取冰盒箱、电子称、便携式气象观测仪、单反相机、踏勘记录本、记录笔等；安全帽、防滑冰爪、防寒服等安全劳保用品。

在踏勘作业出发前清点和检查全部仪器设备，确定现场覆冰踏勘人员由 2 名专业人员和 1 名司机组成。

(二)确定踏勘期及具体踏勘方案

通过关注中期和短期天气预报，确定了 2016～2017 年度冬季大范围强寒潮天气过程可能发生的时间，分别为 2017 年 1 月 10 日～14 日和 2017 年 2 月 8 日～13 日，初步分析判断 A 区域的覆冰过程较 B 区域约提前 1 天。制订了 2 个覆冰过程踏勘期的踏勘方案。

第 1 个踏勘期：2017 年 1 月 11 日～12 日在 A 区域踏勘，并于 12 日到达 B 区域，1 月 13 日在 B 区域踏勘；

第 2 个踏勘期：2017 年 2 月 8 日～9 日在 A 区域踏勘，并于 9 日到达 B 区域，2 月 10 日在 B 区域踏勘并返回 A 区域，2 月 11 日在 A 区域踏勘并返回 B 区域踏勘，2 月 12 日在 B 区域踏勘。

(三)现场踏勘

本次现场踏勘工作拟定了 2 个重点踏勘区域，现场工作期间根据实际情况适当扩大了踏勘范围，开展对比调查与巡测。踏勘重点为覆冰起始海拔的确定和微地形覆冰严重地段的识别。通过 2 次覆冰过程对 2 个重点区域的踏勘，获得了 32

个调查点的数据、9 个观测点共计 32 组观测数据和 650 张影像照片，识别微地形覆冰严重区域 3 处，并拟选了 2 个适宜建点观测的位置，可为进一步覆冰观测研究提供选址方案，各调查结果记录于附录表 G.0.1，如例 9-1 所示。

[例 9-1]　工程区域覆冰踏勘巡测记录。

某拟建特高压直流输电线路工程 A 区域观测点 2 覆冰踏勘巡测记录如表 9-1 所示。

表 9-1　覆冰踏勘巡测记录

观测时间	2017.2.10 09:30	备注
观测地点	A 区域观测点 2	
海拔/m	2700	
地形类别	山顶台地	
覆冰种类	纯 ∞	
覆冰附着物名称	导线（LGJ-400）	
覆冰附着物离地高度/m	2.2	
覆冰附着物直径/mm	27.4	
覆冰长径/mm	33	
覆冰短径/mm	28	
覆冰周长/mm	—	
总重/g	710	
盒重/g	680	
净重/g	30	
每米覆冰重量/(g/m)	120	

同时气象要素	气温/℃	风向	风速/(m/s)	雪深/cm	天气现象
	-1.0	C	0	—	≡ ∞ ✕

现场环境查勘	高海拔山顶台地，地形暴露，气流抬升作用明显，植被较好，冬季易受昆明准静止锋影响

（四）踏勘方案动态调整

该拟建线路工程路径方案未发生调整，天气情况和交通情况均可满足覆冰踏勘，无须进行覆冰踏勘方案动态调整。

（五）踏勘资料现场整理

2 次覆冰踏勘中获得的基础资料均在踏勘当日完成了现场整理。主要包括：在数字地形图中标注相关内容，完善收集资料调查记录，计算调查和巡测的覆冰标准冰厚，并初步分析与拟建输电线路冰区划分成果的相符性和差异性。

在数字地形图中分别标注 A 区域和 B 区域的踏勘点位置，如图 9-7、图 9-8 所示，在踏勘点的备注中记录了相应的调查内容和覆冰计算成果，见图 9-9。

图9-7　A区域踏勘点

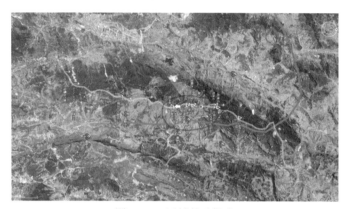

图9-8　B区域的踏勘点

图9-9　踏勘点的备注信息

(六)踏勘成果总结

1. 覆冰与同时气象巡测成果

根据邻近观冰点的观测资料整理成导线覆冰记录年报表，A 区域和 B 区域部分踏勘点的观测成果和密度、标准冰厚计算成果分别见表 9-2 和表 9-3。

表 9-2   A 区域部分踏勘点覆冰巡测成果表

观测位置	观测日期	每米覆冰重量/(g/m)	密度/(g/cm³)	标准冰厚/mm
观测点 1	2017.2.9	80	0.39	1.0
观测点 2	2017.2.10	120	0.88	1.5

表 9-3   B 区域部分踏勘点覆冰巡测成果表

观测位置	观测日期	每米覆冰重量/(g/m)	密度/(g/cm³)	标准冰厚/mm
观测点 1	2017.1.13	480	0.42	5.2
观测点 1	2017.2.10	320	0.46	6.2
观测点 2	2017.2.10	680	0.69	5.1
观测点 1	2017.2.11	1920	0.77	12.5
观测点 2	2017.2.11	1400	0.58	19.9
观测点 3	2017.2.11	1360	0.63	17.5
观测点 1	2017.2.12	2360	0.68	14.7
观测点 2	2017.2.12	2480	0.87	15.3

2. 影像资料成果

踏勘期的影像资料依次按踏勘过程、踏勘区域、踏勘日期进行分级、分类整理，经整理后纳入 2016～2017 年度覆冰照片集。图 9-10 和图 9-11 为 A 区域在两个踏勘期的照片，图 9-12 和图 9-13 为 B 区域在两个踏勘期的照片。

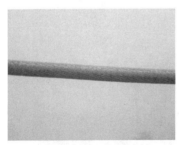 

(a) 导线覆冰照片   (b) 区域地形照片

图 9-10   2017 年 1 月 11 日 A 区域踏勘照片

(a) 树枝覆冰照片

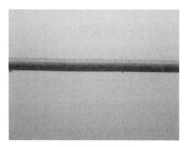

(b) 导线覆冰照片

图 9-11　2017 年 2 月 11 日 A 区域踏勘照片

(a) 树枝覆冰照片

(b) 横向钢管覆冰照片

图 9-12　2017 年 1 月 13 日 B 区域踏勘照片

(a) 横向钢管覆冰测量照片

(b) 盒箱取样照片

(c) 已建输电线路覆冰照片

(d) 植被覆冰照片

图 9-13　2017 年 2 月 12 日 B 区域踏勘照片

3. 调查访问记载成果

调查访问和相关草图、地形描述的原始资料均记录在调查记载手簿中。根据调查成果，计算踏勘区域不同调查点的标准冰厚以及拟建输电线路的设计冰厚，形成覆冰踏勘调查资料计算成果表。表 9-4 和表 9-5 分别为 A 区域和 B 区域踏勘期获得的部分调查点标准冰厚和对应设计冰厚计算成果表。

表 9-4   A 区域覆冰踏勘调查资料计算成果表

调查点位置	海拔/m	年份/年	覆冰直径/mm	覆冰附着物直径/mm	标准冰厚/mm	离地 10m 高 100 年一遇设计冰厚/mm
调查点 1	2900	2008	150	18.0	34.7	32.9
调查点 2	2650	2008	80	6.0	23.7	20.9
调查点 3	2720	2013	60	6.0	15.8	22.1
调查点 4	2400	2013	40	6.0	10.8	15.1

表 9-5   B 区域覆冰踏勘调查资料计算成果表

调查点位置	海拔/m	年份/年	覆冰直径/mm	覆冰附着物直径/mm	标准冰厚/mm	离地 10m 高 100 年一遇设计冰厚/mm
调查点 1	2020	2008	40	6.0	11.8	10.4
调查点 2	2120	2008	40	6.0	11.7	10.3
调查点 3	2250	2008	60	6.0	19.0	17.2
调查点 4	2640	2014	120	24.3	32.2	47.5
调查点 5	2300	2008	70	6.0	22.6	19.9

4. 踏勘专项报告

在 2016～2017 年度冬季覆冰期结束后，开展了踏勘资料的内业整理工作，并于 2017 年 4 月完成了年度覆冰踏勘报告。

年度覆冰踏勘报告中简述了 2016～2017 年度典型覆冰过程，分析了区域气候背景对覆冰的影响规律；统计分析了覆冰及同时气象要素成果、覆冰调查成果，确定踏勘期覆冰的量级、分布特征及其重现期；摘录了覆冰踏勘期典型的影像记录；说明了踏勘成果对已有冰区划分成果的支撑性。

影响踏勘区域的覆冰天气系统主要为昆明准静止锋。2016～2017 年度基本无大型强冷空气过程，导致踏勘区域 2016～2017 年度冬季观测覆冰量级明显偏小，对已有冰区的复核主要依据踏勘期调查资料和地形影响辨识成果。

根据覆冰踏勘调查成果，A 区域内覆冰量级以 20mm 为主，在突出地段为 30mm；B 区域内大部分区域覆冰量级以 20mm 为主，部分背风地形、较为封闭地段覆冰量级为 10～15mm，暴露突出山岭为 30mm，个别区域超过 40mm，与已有冰区划分成果较为一致。

第十章 冰害线路覆冰踏勘

架空输电线路发生冰害事故后需及时开展覆冰踏勘工作，搜集与测量冰害过程的覆冰数据、了解覆冰过程的特征和分析事故原因，为冰害线路提出合理、可行的避冰与抗冰改造方案。

本章主要介绍冰害线路覆冰踏勘范围与内容、踏勘步骤与方法及踏勘成果与实例。

第一节 踏勘范围与内容

由于不同区域的气候、地形和覆冰天气系统的差异，输电线路不同区段的覆冰环境和影响程度也有差异。在冰害事故发生后，应按《架空输电线路覆冰勘测规程》(DL/T 5509—2015)[26]的要求，根据运行维护单位提供的线路受损信息，及时确定现场的踏勘范围与内容。

一、踏勘范围

冰害线路的踏勘范围应根据受损线路的分布情况、冰害影响区段、受损程度、区域覆冰分布以及沿线地形、海拔、道路交通等情况综合确定，优先和重点开展受损区域的覆冰踏勘，必要时应对区域内其他覆冰区段补充踏勘，以获取同期对比资料。

二、踏勘内容

(一)冰害线路现场踏勘

冰害线路现场踏勘工作主要有冰害环境查勘与分析、现场覆冰测量、数据资料记录和影像记录。

1. 冰害环境查勘与分析

(1)对冰害线路的事故区段进行全面的现场踏勘,查看和拍摄导线、地线、拉线、铁塔、金具等受损情况。

(2)当冰害线路区段附近有其他已建输电线路(含通信线路)时,观察其杆塔、导线、构件等的覆冰情况,分析判别与冰害线路的相对位置关系、地形地貌差异。

(3)对冰害线路区域内道路结冰情况进行实地踏勘,走访调查结冰持续时间、交通管制及历史冰雪灾害情况。

(4)观察与调查冰害事故区域的覆冰分布范围,确定覆冰的初始海拔、判断覆冰随海拔的分布变化规律、同海拔地段的覆冰量级差异等。

(5)对冰害事故地段的大地形、山脉走向、微地形、河流水体分布、植被等进行全面的查勘分析,查明冰害事故区段的微地形微气象特征。

(6)查明冰害线路区段的覆冰物理性质,判明覆冰种类、覆冰过程时间和覆冰期主导风向。结合当时的天气状况,判断覆冰过程是否结束,若覆冰仍处于保持发展阶段,且可能出现更大范围的冰害,应及时向相关单位报告,做好应对准备。

2. 现场覆冰测量

现场覆冰测量是冰害线路踏勘的一项重要工作,测量数据是线路设计冰厚取值与覆冰事故分析的重要基础数据。在冰害事故发生后,应尽快赶赴现场,并在导线覆冰消融前开展覆冰测量,获取可靠的基础数据。

(1)现场覆冰测量的主要有冰害线路、附近已建输电线路和通信线的导线与杆塔,地面覆冰附着物(如金属拉线、树木、竹竿、铁丝、村民房屋外的晒衣杆、照明电线等)和路面的积冰等。

(2)覆冰的测量内容主要有覆冰长径、短径、重量、周长、附着物直径、离地高度以及铁塔覆冰的最大厚度。

(3)观察目测的内容主要有:观察覆冰附着物上的覆冰增长方向,推算覆冰期主导风向;观察覆冰体内部结构、外部结构、形状、颜色等物理特征,判别覆冰种类与发展规律。

(4)若覆冰过程尚未结束,仍处在保持或发展阶段,应开展24h、48h覆冰增量的测量,直至覆冰过程结束。

(5)可使用简易的气象仪器现场观测覆冰过程期间的气温、湿度、风向、风速及天气现象等,条件允许的情况下,也可设置具有实时监测功能的自动观测设备。

覆冰的测量方法可参见第四章相应部分。

3. 数据资料记录

在覆冰踏勘巡测记录表中详细记录冰害现场的环境查勘内容和分析结果、覆冰测量结果以及目测的信息资料，注明观测时间和地点、对应的线路杆塔号、线路受损情况以及其他现场获取的重要信息，可按附录表 G.0.1 所示格式填写。

4. 影像记录

覆冰踏勘与测量全程应做好影像记录，若覆冰仍在发展阶段，则在条件允许的情况下，可架设临时影像监控设备，开展动态覆冰影像记录。

(二)走访调查

覆冰事故发生后，及时对冰害线路区段开展走访调查，详细了解本次冰害过程的覆冰情况，调查该地区历史大覆冰过程及灾害损失情况，以便分析确定本次覆冰的重现期。

(1)调查对象：受损线路的运维人员，以冰害事故亲历者为宜；附近的居民，以村镇干部、年龄较长且思维清晰者、负责用电管理的电工为宜。

(2)调查内容：本次覆冰过程的起止时间、持续时间、覆冰形态、种类与尺寸参数、气温与湿度变化、主导风向、风速大小和天气现象(雨天、雾天、雪天)；本次覆冰天气造成的灾害损失情况；区域内历史上大覆冰天气过程及造成的灾害损失情况等。

(三)资料搜集

向当地气象、电力、通信、交通、林业、民政等部门调查和搜集本次冰害事故时段的相关资料，主要搜资内容参见第八章相应部分，搜资过程中应注意以下几点：

(1)注意分析附近气象台站与冰害事故点的相对位置关系，分析其资料的代表性与参考性。

(2)注意分析本次覆冰过程与以往覆冰过程的区别，覆冰对区域内输电线路影响的差异。

(3)注意分析附近通信线路与事故线路的相对位置关系、地形海拔的差异。

第二节 踏勘步骤与方法

冰害线路的覆冰踏勘步骤主要包括踏勘作业准备、组建踏勘小组、冰害现场踏勘、踏勘资料整理。

一、踏勘作业准备

(一)资料收集

查阅本工程相关的设计资料,包括路径图、杆塔明细成果、杆塔使用条件、各阶段的冰区划分成果和冰区说明、微地形辨识成果、已有覆冰资料、相关遗留问题;确定冰害事故准确地理位置、杆塔编号、设计冰厚量级和冰区起止杆塔号,相应的地形、海拔及已采取的抗冰措施等。

(二)仪器用品准备

在现场踏勘作业前需做好相关仪器用品的准备工作,一般应准备下列物品。

(1)必备物品:长度测量工具(游标卡尺、软尺等)、取冰工具、测重工具、手持温度计、手持风速仪、记录笔、记录本、照相设备等。

(2)选配物品:海拔仪、指南针、手持 GPS、登高梯、对讲机、摄像机等。

(3)个人防护用品:遮光眼镜、防滑鞋(冰爪)、登山杖、防寒服、防冻手套、防寒帽、安全帽、安全绳等。

二、组建踏勘小组

根据冰害事故的受损规模和影响范围,组建可满足现场工作需要的冰害事故踏勘小组,确定专业人员配置(每组至少 2 位专业人员),商讨确定现场工作方案,落实具体分工与职责。

三、冰害现场踏勘

(一)冰害线路的覆冰踏勘

现场踏勘工作的主要目的是获取冰害线路区段的覆冰数据、气象数据和影像资料。

1. 导线覆冰的测量与记录

(1)当导地线或拉线表面附着的冰体完整性较好时,选取一段冰体进行测量。首先,测量覆冰长径和短径、导线直径、冰体长度(一般选取为25cm);其次,用绘图纸描绘导线覆冰的横断面图形,当覆冰外部形状呈不规则的锯齿状时,应增加覆冰长径、短径的测量组数,并取其平均值;最后,取下冰体并称重,见图10-1。

图 10-1　冰害线路导线覆冰测量

(2) 当导地线和拉线等表面已无附着冰体或冰体长度不足，无法满足测量标准时，应尽可能搜集散落在地面上的脱落冰体，并进行测量，尽可能选取完整性和代表性较好的冰体，并根据冰体表面缺损情况估计冰体损失重量，见图 10-2。

图 10-2　测量地面散落的覆冰

(3) 观测现场的气温、风向、风速、雪深和天气现象等。

(4) 根据覆冰过程的进展，做现场动态方案调整决策，如果覆冰仍在发展阶段，应立即布置简易拉线，或将悬垂导线清理出一段裸露表面，并测量其离地高度，开展 24h (或 48 h) 覆冰增量的现场观测。

(5) 采用摄影、拍照的方式记录覆冰特征及导线受损情况，影像资料编号应与测量资料相对应，如图 10-3 所示。图 10-3(a)、图 10-3(b) 记录了覆冰颜色和形状及透明度等特征，以手握冰体为参照物，可判断冰体的透明度，图10-3(c)记录了导线断裂受损情况。

(a) 覆冰颜色和形状   (b) 覆冰透明度   (c) 导线断裂受损情况

图 10-3   导线覆冰与损坏的影像记录

2. 杆塔覆冰的测量与记录

仔细察看杆塔表面的覆冰情况，判别覆冰种类、内部结构、外部结构，测量覆冰物理厚度。采用摄影、拍照的方式记录覆冰特征及杆塔受损情况，如图10-4所示。图10-4(a)为铁塔覆冰情况，可目测覆冰种类、覆冰形状，图10-4(b)以手指为参照物，记录铁塔表面的覆冰物理厚度，图10-4(c)为铁塔受损情况。

(a) 铁塔覆冰情况   (b) 目测铁塔覆冰物理厚度   (c) 铁塔受损情况

图 10-4   铁塔覆冰与损坏的影像记录

(二)附近其他线路的覆冰踏勘

当冰害线路邻近区域有其他已建输电线路(含通信线路)也出现了冰害事故时，应对其覆冰和受损情况进行踏勘巡测，分析其他线路(通信线路)与输电线路事故段的位置关系、地形和海拔差异等，开展覆冰测量工作，在覆冰踏勘巡测记录表中详细记录测量和踏勘内容以及受损情况。对现场覆冰和受损情况进行摄影和拍照，如图10-5所示。图10-5(a)为贵州某220kV输电线路发生冰害事故期间，其附近的 35kV 输电线路也出现了覆冰受损，专业人员在现场对受损输电线路进行覆冰参数测量；图10-5(b)为四川某冰害线路现场踏勘期间，专业人员对附近通信线路的覆冰进行取样测量。

(a) 某35kV输电线路覆冰测量　　　　　　　(b) 某通信线路覆冰测量

图 10-5　冰害线路附近其他线路的覆冰测量

(三) 附近其他地物的覆冰踏勘

1. 条形状物体的覆冰测量

冰害线路附近条形状物体也是较好的覆冰测量对象，如拉线、树枝、竹竿、晾衣杆、晾衣绳等。尽量选取地形开阔、离地面较高、代表性较好的覆冰附着物，主要测量覆冰长径、短径、重量、覆冰附着物直径、形状、冰体长度和离地高度，见图 10-6。详细记录测量内容、测量地点、海拔、与冰害线路的位置关系、覆冰增长方向以及周边环境和树木受损情况，并对现场覆冰及受损情况进行影像记录。

(a) 测量拉线覆冰长径　　　　　(b) 拉线取冰　　　　　(c) 测量树枝覆冰长径

图 10-6　条形覆冰附着物的覆冰测量

2. 其他地物的覆冰测量

对冰害线路附近的其他地物进行覆冰踏勘，如菜地、围栏等，查勘路面积冰情况，应测量其覆冰物理厚度，并详细记录测量内容和周边环境，对现场覆冰及受损情况进行摄影拍照，如图 10-7 所示。

(a) 测量地面杂草覆冰

(b) 测量竹竿覆冰

(c) 木凳覆冰记录

(d) 路面结冰记录

图 10-7　地物的覆冰测量

(四)冰害区域的覆冰调查

(1)走访冰害线路区段及附近的村镇,向线路运维人员和当地村民询问冰害事故发生的具体时间和覆冰情况。

(2)了解冰害天气过程的持续时间和天气变化情况(如雨、雾、雪等天气的变化情况)。

(3)调查覆冰期间的风速及主导风向。

(4)调查本次冰害造成的损失情况。

(5)调查本区域历史冰害情况,分析历史上较大覆冰天气过程与本次覆冰的异同点。

(五)覆冰环境的踏勘与分析

(1)踏勘冰害地段的大地形和局部小地形,判断是否受风口、风道、风槽、分水岭、山脊、迎风坡、江湖大水体等微地形的影响。

(2)踏勘分析区域冰雪的垂直、水平分布特点,覆冰随地形、海拔的变化规律。

(3)踏勘分析微地形、微气候区与一般地形区覆冰量级的差异情况。

四、踏勘资料整理

冰害线路的踏勘基础资料应确保每日整理，可按冰害事故点、附近踏勘点、区域覆冰分析等归类整理，整理内容包括踏勘点与冰害线路事故段的位置关系、踏勘点位置的标注、踏勘点的基本情况(海拔、地形、植被、覆冰与同时气象要素观测资料、天气气候情况描述、影像资料等)等，并对资料进行合理性、可靠性、代表性审查，确保踏勘资料准确、完整。根据气象部门覆冰天气分析、现场调查情况以及历史文献资料，综合分析本次冰害天气的重现期。

第三节　踏勘成果与实例

冰害线路覆冰踏勘成果表现形式通常为覆冰踏勘成果报告，本节对相应覆冰踏勘成果的内容进行介绍，并以实例对冰害线路覆冰踏勘过程进行说明。

一、踏勘成果

冰害线路覆冰踏勘成果主要包括以下几个方面。

(1)踏勘区域地形气候状况，包括海拔、地形类别、冷空气与水汽来向、基本气候特征、地形与天气系统的相互作用等。

(2)踏勘区域覆冰基本情况，包括覆冰地形特性、覆冰随地形与海拔的分布、覆冰量级、覆冰性质、覆冰频次。

(3)覆冰测量与观察成果：覆冰观测资料、气象观测资料、需修复线路区段的冰害情况(输电线路倒杆断线、林木倒伏折损等)以及影像资料。

(4)覆冰调查成果：气象、电力、通信、交通、林业、民政和地方志部门收集的覆冰资料、历史冰害损失与覆冰情况等。

(5)踏勘成果分析：包括冰害过程的覆冰量级、影响范围、持续时间及重现期的客观评价，对已有冰区划分的合理性评价，提出合理、可靠的抗冰改造建议。

二、踏勘实例

以四川省某输电线路的冰害事故为例介绍冰害线路的踏勘步骤、踏勘方法与踏勘成果。

2014年12月中旬，四川省某架空输电线路因严重覆冰，出现地线支架受损，附近其他输电线路也出现了不同程度的损伤，根据任务要求，需对事故区段的覆冰进行复核,分析事故原因,提出具体的抗冰综合治理专业意见。

(一)踏勘作业准备

1. 收集查阅资料

收集本工程相关的设计资料,包括输电线路路径图、杆塔明细成果表、杆塔使用条件表、区域覆冰观测资料、各阶段水文气象报告等。查阅受损输电线路的冰区划分成果和冰区划分说明,施工图设计阶段 N71~N74 的设计冰区为 20mm,N74~N95 的设计冰区为 15mm;2012 年加强抗冰措施改造时考虑到风口地形,将 20mm 冰区延长至 N75,N76~N80 采用 15mm 加强抗冰。

2. 确定踏勘范围

根据资料收集查阅和受损输电线路运维单位反馈信息,确定输电线路事故区段的杆塔设计编号和准确的地理位置。该输电线路冰害事故发生在四川省凉山州的西南山区,了解到该区域的输电线路集中,过去发生过冰害事故,并进行了改造修复。冰害事故的杆塔编号为 N81,小号侧地线支架受损,设计冰厚为 15mm,海拔为 2883m,N80~N81、N81~N82 档距分别为 272m、387m。根据受损输电线路事故位置、该区段覆冰分布与地形情况,确定现场踏勘范围为输电线路塔位 N71~N82 段。输电线路踏勘区段的地形图和剖面图分别见图 10-8、图 10-9。

图 10-8　踏勘区域 N71~N82 段地形图

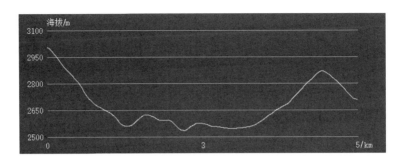

图 10-9　踏勘区域 N71～N82 段剖面图

3. 仪器与人员

根据现场踏勘工作的需要，准备覆冰测量工具(游标卡尺、软尺、电子秤、取冰盒箱、便携式气象观测仪等)、安全防护用具(安全帽、防滑鞋、防冻手套和防寒服等)和相机。预估现场踏勘工作量，组成现场踏勘工作小组，包括气象、电气和结构专业人员，其中气象专业人员 3 人，2 人负责现场踏勘测量，1 人负责调查搜资。

(二)现场踏勘

(1)到达冰害现场后，对杆塔、导线、地线等损坏情况进行全面的实地踏勘，查明周边地形环境，覆冰的水平、垂直分布情况，并摄像拍照。该输电线路事故区域属于趋近于南北向山谷的风口段，山谷较顺直，山谷西侧高差约 450m、东侧高差约 250m，输电线路自西向东跨越山谷。覆冰期间冷空气来向主要为北向，暖湿气流则主要由南向北与冷空气在山顶垭口段交汇，输电线路走向与覆冰气流方向交角较大。

(2)对受损输电线路以及附近周边架空输电线路、通信线等开展覆冰踏勘，查明附近不同地形和海拔位置输电线路覆冰情况，如图 10-10 所示。

  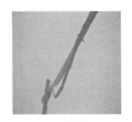

(a) 500kV输电线路　　　　　(b) 低压输电线路　　　　　(c) 通信线

图 10-10　附近线路的覆冰情况

(3)现场对导线、地线、杆塔上的覆冰，以及脱落在地面上的冰体进行测量和拍摄，选取代表性好且完整度高的冰样进行测量。根据测量结果，判断覆冰种类为雨雾凇混合冻结，在 N80～N82 海拔较高的区段雾凇成分较多，外部为松脆的雾凇(约占 80%)，内部为坚硬的雨凇(约占 20%)，在风口区段 N73～N76 海拔较低的区段雨凇比例更多，约占 40%，根据覆冰附着物冰体积累方向判断覆冰期主导风向为偏南风，如图 10-11 所示。图 10-11(a)为受损输电线路附近观测点的模拟导线覆冰，图 10-11(b)为受损输电线路导线上脱落的覆冰冰样，图 10-11(c)测量散落在地面的冰体长度。

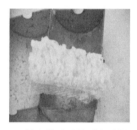

(a) 观测点导线覆冰　　　　(b) 输电线路导线脱离冰样　　　　(c) 冰样测量

图 10-11　事故点附近覆冰测量

(4)对受损输电线路附近地物覆冰进行测量和拍摄，主要覆冰附着物有通信线拉线和代表性较好的树木、树枝，如图 10-12 所示。

(a) 通信线拉线覆冰　　　　　　　　　　(b) 树枝覆冰

图 10-12　冰害线路附近的地物覆冰

(三)调查搜资

1. 走访调查

在冰害事故点附近的村镇开展走访调查工作，走访村民 20 余人，获得调查资料 12 份。重点调查了本次冰害覆冰过程的现场天气情况(覆冰期间主要为毛毛雨和浓雾天气)、区域覆冰发展过程(覆冰开始时间、持续时间、冰害发生时间等)、本次冰害情况(影响范围、严重程度、电力线和通信线倒杆断线情况、林木折断和倒伏情况、道路结冰情况等)、历史冰害损失及覆冰情况等。

2. 资料收集

(1)在当地气象局调查了解本次覆冰过程的天气环流系统,冷暖气团的移动路径,冷空气路径、强度、影响范围及持续时间。本次冷空气过境是从 2014 年 12 月 14 日开始, 19 日趋于结束, 16 日、17 日是影响最大的两日, 24h 最大降温为 7~8℃, 海拔较高的山区降温幅度超过 10℃。从环流形势看, 主要由于高纬地区贝加尔湖的槽后偏北气流促进了冷空气的南下, 低纬地区南支槽逐步东移, 槽前西南气流将暖湿空气引入川西高原地区, 同时副高位置偏北偏西, 其西侧气流也加强了对本地区的水汽输送, 自进入 12 月以来, 本地区一直以多云天气为主, 水汽含量充足, 当冷空气过境时, 大幅降温导致本地区山区满足了覆冰生成的气象条件。本次天气过程的冷空气强度为中等偏强, 影响全地区, 与以往冷空气过境天气不同的是, 本次北有东亚槽携带冷空气南下, 南有南支槽携带暖湿气流东移, 南北环流叠加影响, 对本地区海拔较高的山区结冰有极大的促进作用, 在初冬季节环流调整剧烈的时段, 对于受结冰影响较大的部门应格外注意此类环流场的出现。该区域受冷、暖气团共同影响, 约 3000m 以下高度盛行偏南风, 风向稳定。

(2)在当地通信电信部门搜资了解到, 本次覆冰过程中, 受损输电线路区段附近的通信线路出现了少数断线、倒杆的情况, 以往也有冰害过程, 但基本不会发生事故, 这次结冰过程是近二、三十年比较大的覆冰天气过程。

(3)在当地供电部门调查收集本次覆冰过程对各电压等级输电线路的影响情况。冰害线路事故段附近其他 500kV 及以上输电线路在不同区段有少数冰闪跳闸现象, 没有铁塔和导地线受损的情况;220kV、110kV、35kV 输电线路没有导线和杆塔受损情况发生, 只有少数输电线路有覆冰闪络;10kV 输电线路有少量断线和倒杆情况发生, 这次冰害不及 2008 年严重, 但也是近年来最大一次覆冰天气过程。

(4)在当地交通公路部门了解到, 此次冰害过程期间, 输电线路事故段附近公路结冰情况严重, 并对道路采取了临时交通管制, 虽然该区域每年都有冰雪天气, 但以降雪居多, 此次冰雪天气降温幅度大, 先凝冻导致路面湿滑, 再降雪, 加重影响了这一区段的交通, 前期路面结冰, 车辆制动失控, 导致多起交通事故和交通堵塞发生, 这次冰雪天气是近三十年来影响最严重的一次。

(四)资料整理与计算分析

(1)整理本次现场实测的覆冰数据、各部门收集的覆冰资料、现场调查资料和有关影像资料，按地点、时间先后顺序分类进行编辑处理。

（2）对获取的所有覆冰资料进行可靠性评价，摒弃可靠性低的资料，选用可靠性高的资料用于覆冰分析计算。

（3）归纳总结覆冰资料，综合评估本次冰害天气的重现期约为30年。

（4）计算实测和调查覆冰资料的标准冰厚、覆冰密度等参数，依据实测数据计算冰害区段10m高100年设计冰厚为18～23mm，覆冰密度为0.4～0.7g/cm³；依据调查资料计算冰害区段设计冰厚为16～21mm。

（五）踏勘成果报告

冰害线路覆冰踏勘结束后，总结踏勘成果，分析事故原因，编写冰害线路覆冰踏勘报告，该报告所含主要结论包含以下几点：

（1）根据气象资料分析区域的覆冰天气背景，本次覆冰过程主要受过境冷空气与异常强劲的南支槽暖湿气流共同作用的影响，一般情况下，冷空气过境主要带来降雪，但此次南支槽偏北，槽前气流携带大量的水汽途经我国云南北部、四川南部，给本区域覆冰带来了充足的水汽，在高空冷气团的作用下，形成冻雨、雨夹雪和雪天气，输电线路导线覆冰呈现多层次的覆冰结构。

（2）现场踏勘发现事故塔位海拔为2883m，位于风口的较高海拔区，现场发现以N81所在山脊为界，小号侧的覆冰更为严重，大号侧的覆冰受地形的阻挡作用明显，覆冰量级偏小，见图10-13。结合近年来在该区域的覆冰期踏勘经验，区域覆冰暖湿气流来自偏南方向，受山谷地形的挤压和垂直抬升，导致风速增大，存在明显的微地形"狭管效应"，可确定覆冰期间主导风向为偏南风，山谷属于典型的垭口型微地形，东西两侧高地属于地形抬升型微地形。

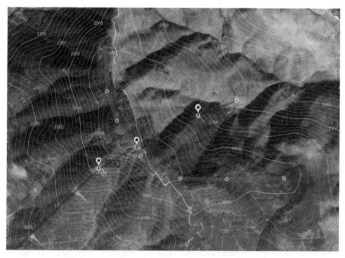

图10-13 N80～N82区段地形

(3)根据覆冰调查资料，该地段 60%的年份不结冰，海拔 2500m 以上冰雪较大，该区域 2008 年覆冰最大，持续约 8 天，初期凝冻，后期积雪，村里的电杆倒伏 4 根，树枝和电力线均有覆冰，覆冰性质为雨雾凇混合冻结，结合本次覆冰过程区域覆冰情况、冰害损失情况以及历史冰害情况，评估本次覆冰重现期约为 30 年。

(4)根据现场对冰体结构的目测分析，导线覆冰呈扁平状，基本不透明，内部为坚硬的雨凇，外部为较松脆的雾凇，为多层积累的雨雾凇混合冻结覆冰。

(5)根据现场实测覆冰数据计算区域覆冰密度为 0.4～0.7g/cm³，冰害线路区段设计冰厚为 16～23mm，覆冰量级超过线路原设计冰厚条件。

(6)建议的改造方案是将 20mm 冰区由原来的 N71～N75 延长至 N81，其中 N79～N80 原档距为 997m，建议采取缩小档距的抗冰措施。

第十一章 覆冰计算

覆冰观测、搜资和调查的目的主要是获取满足分析计算要求的基础资料,覆冰计算是确定输电线路设计冰厚取值的重要环节。本章从覆冰的计算方法分类、数理方法、统计分析和覆冰数学模型几个方面介绍适用于架空输电线路工程的覆冰计算。

第一节 计算方法分类

目前,国内输电线路工程规划设计中主要采用数理统计、调查估算、数值模拟等方法来计算线路设计冰厚。

(一)数理统计法

数理统计法是基于工程区域实测覆冰数据计算标准冰厚,并运用统计学方法对覆冰量级进行频率分析,计算得到工程设计冰厚。

数理统计法是输电线路设计冰厚计算最为可靠的方法,目前我国具有电线积冰观测的气象台站相对较少,电力企业在电网易覆冰区域设立的观冰站(点)仍旧稀疏,而易覆冰地区输电线路一般位于山地,这些区域基本都是覆冰资料短缺区,导致输电线路工程覆冰计算缺少实测数据支撑,从而限制了数理统计法的使用范围。因此,在输电线路的勘测设计过程中,通常需要开展历史覆冰调查。

(二)调查估算法

调查估算法是通过向工程区域有关部门和当地居民调查搜集历史覆冰情况、灾害记录和研究成果等,在估算覆冰相关参数的基础上,计算得到工程设计冰厚。

当输电线路工程区域缺乏覆冰实测资料时,调查估算法是解决输电线路设计冰厚计算问题的重要手段。覆冰调查可以提供当地覆冰的定性情况和定量资料,并通过沿线地形、气候特征与当地气象资料综合分析,以及与邻近地区的实测覆冰资料进行地形、气候条件的类比分析,估算沿线设计冰厚。覆冰调查资料多为定性资料,定量资料也大部分为目测数据,误差相对较大,因此对覆冰调查资料要进行可靠性程度评价。

(三)数值模拟法

数值模拟法是基于覆冰增长机理和观测试验数据，建立覆冰数学模型，模拟计算得到输电线路工程区域覆冰量级。

在无资料地区，数值模拟法是确定工程设计冰厚的辅助手段。目前，覆冰数学模型受尺度、精度和适用条件等限制，难以满足工程直接应用的要求，通常需要在现场覆冰查勘的基础上，辅助判断设计冰厚量级。

第二节　数　理　方　法

在覆冰计算过程中，覆冰密度、标准冰厚和设计冰厚的计算，以及相应重现期、高度、线径、地形和线路走向的换算等涉及基本的数理方法[27]，本节对相应计算方法进行介绍说明。

一、覆冰密度

在有实测覆冰资料的地区，覆冰密度可根据实测覆冰资料情况按下列公式计算。

(1) 当根据实测覆冰长径、短径计算时，覆冰密度可按式(11-1)计算：

$$\rho = \frac{4G}{\pi L\left(ab - 4r^2\right)} \tag{11-1}$$

(2) 当根据覆冰周长计算时，覆冰密度可按式(11-2)计算：

$$\rho = \frac{4\pi G}{L\left(I^2 - 4\pi^2 r^2\right)} \tag{11-2}$$

(3) 当根据横截面面积计算时，覆冰密度可按式(11-3)计算：

$$\rho = \frac{G}{L\left(C - \pi r^2\right)} \tag{11-3}$$

式中，　ρ ——覆冰密度，g/cm³；

　　　G ——覆冰重量，g；

　　　π ——圆周率；

　　　L ——覆冰体长度，m；

　　　a ——覆冰长径，包括覆冰附着物，mm；

　　　b ——覆冰短径，包括覆冰附着物，mm；

　　　r ——覆冰附着物半径，mm；

I ——覆冰周长，mm；

C ——覆冰横截面面积，包括覆冰附着物，mm^2。

三种覆冰密度计算方法均比较实用，当根据横截面面积计算时，精度相对较高。根据实测资料分析，一般在同一覆冰过程相应最大覆冰海拔线以上的覆冰密度较低海拔覆冰密度小，这与水汽条件、过冷却水滴的大小有关。

二、标准冰厚

标准冰厚的计算公式是将并非完全是圆形的覆冰横截面概化为圆形，由线径和覆冰的重量、直径推导出来的。标准冰厚可根据实测或调查覆冰资料按下列公式计算。

（1）由实测覆冰重量计算标准冰厚：

$$B_o = R - r = \left(\frac{G}{0.9\pi L} + r^2 \right)^{0.5} - r \qquad (11\text{-}4)$$

（2）由实测覆冰长径、短径计算标准冰厚：

$$B_o = \left[\frac{\rho}{3.6}(ab - 4r^2) + r^2 \right]^{0.5} - r \qquad (11\text{-}5)$$

（3）由调查或实测覆冰直径计算标准冰厚：

$$B_o = \left[\frac{\rho}{0.9}\left(K_s R^2 - r^2 \right) + r^2 \right]^{0.5} - r \qquad (11\text{-}6)$$

式中，B_o ——标准冰厚，mm；

R ——覆冰半径，包括覆冰附着物，mm；

K_s ——覆冰形状系数，覆冰短径与覆冰长径的比值，当无实测覆冰资料时，可参照表 8-9 选用。

[例 11-1] 根据调查覆冰直径计算标准冰厚。

某地调查资料：35kV 输电线路上覆冰直径为 110～120mm，覆冰种类为雨雾凇混合冻结，导线型号为 LGJ-50，试求标准冰厚。

计算过程如下：

导线型号为 LGJ-50，直径为 9.6mm，因此半径 r=4.8mm；调查覆冰直径为110mm～120mm，最大覆冰半径取值 R=60mm；覆冰种类为雨雾凇混合冻结，密度 ρ 取 $0.4g/cm^3$；附着物为导线，覆冰形状系数 K_s 取 0.8；运用式（11-6），求得标准冰厚为

$$B_o = \left[\frac{0.4}{0.9}\left(0.8 \times 60^2 - 4.8^2 \right) + 4.8^2 \right]^{1/2} - 4.8 = 31\text{mm}$$

三、设计冰厚

(一)计算公式

影响设计冰厚的因素较多，除了覆冰概率分布外，一般来说还有以下几个因素：导线悬挂高度、导线直径、地形、线路走向、线路档距、电场及负荷电流和导线扭转。线路档距、电场及负荷电流和导线扭转对覆冰的影响有待进一步研究，一般来说国内计算设计冰厚，涉及重现期、悬挂高度、线径、地形、线路走向等方面，单导线的设计冰厚可按式(11-7)计算：

$$B = K_{\mathrm{T}} K_{\mathrm{h}} K_{\varphi} K_{\mathrm{d}} K_{\mathrm{f}} B_{\mathrm{o}} \tag{11-7}$$

式中，　B ——设计冰厚，mm；

K_{T} ——重现期换算系数；

K_{h} ——高度换算系数；

K_{φ} ——线径换算系数；

K_{d} ——地形换算系数；

K_{f} ——线路走向换算系数。

(二)换算系数

覆冰计算所需换算系数应根据当地实测覆冰资料来计算分析确定，对无实测覆冰资料的地区，换算系数可采用以下方法确定。

1. 重现期换算系数

在工程区域无长期实测资料的条件下，调查或实测的最大覆冰值估算重现期若与设计重现期不同，应进行重现期换算。不同重现期换算系数可按表 11-1 选用。在应用表 11-1 时，调查覆冰的重现期不宜小于 10 年。

表 11-1　重现期换算系数

设计重现期/年	调查重现期/年							
	100	50	30	20	15	10	5	2
100	1.00	1.10	1.16	1.28	1.32	1.43	1.75	2.42
50	0.91	1.00	1.10	1.16	1.23	1.30	1.60	2.20
30	0.86	0.94	1.00	1.10	1.15	1.25	1.50	2.10

2. 高度换算系数

在近地层风速随高度增加，在覆冰发展期、相同水汽条件下，在一定风速范围内，风速越大，导线捕获的过冷却水滴就越多，覆冰就越大，因此覆冰大小与导线的悬挂高度有关。覆冰发展期的风向若无变化，不同高度的冰厚比就是冰厚的高度换算系数。大量实测资料表明，不同高度的冰厚比是高度比的幂函数，它表示了冰厚随高度变化的关系，覆冰高度变化指数(σ)综合反映了风速、含水量、捕获系数等随高度的变化。

西南院公司应用黄茅埂观冰站雨凇塔 1988～1995 年同线径、同方向的离地 2m、9m、16m 和 23m 4 层同步覆冰观测数据，以及罗汉林观冰站雨凇塔 2006～2010 年同线径、同方向的离地 2m、5m、10m 3 层同步覆冰观测数据，计算各个高度标准冰厚的平均值进行指数拟合，得到了参考指数取值，见表 11-2。

表 11-2 不同高度同步覆冰观测数据拟合指数

观冰站	层数/层	各层离地高度/m	σ 值
黄茅埂	4	2、9、16、23	0.16
黄茅埂	3	9、16、23	0.14
罗汉林	3	2、5、10	0.17

设计冰厚的确定应考虑不同高度对覆冰的影响，当调查或实测覆冰标准冰厚与设计冰厚的高度不一致时，应进行覆冰高度换算。覆冰的高度换算系数可按式(11-8)计算：

$$K_{\mathrm{h}} = \left(\frac{Z}{Z_0} \right)^{\sigma} \tag{11-8}$$

式中，Z——设计导线离地高度，m；

Z_0——实测或调查覆冰附着物离地高度，m；

σ——覆冰高度变化指数，应按实测覆冰资料分析确定，无实测覆冰资料的地区取值可为：在离地 10m 以内取值 0.17，在离地 10～20m 取值 0.14。

3. 线径换算系数

西南院公司在西南及中南山区建立了多个观冰站，观测获得多个不同导线线径的覆冰资料，大量实测资料表明，导线覆冰重量与线径有关，并利用同方向、同高度、不同线径的导线同步覆冰实测数据，拟合得出覆冰线径换算系数计算公式，可供无实测覆冰资料地区参考。

设计冰厚的确定应考虑不同线径对覆冰的影响，当调查或实测覆冰标准冰厚与设计冰厚的线径不一致时，应将调查或实测的覆冰标准冰厚换算为设计线径的标准冰厚。对于无实测覆冰资料地区，覆冰的线径换算系数可按式(11-9)计算：

$$K_{\varphi} = 1 - 0.14\ln\left(\frac{\varphi}{\varphi_{\circ}}\right) \tag{11-9}$$

式中，φ ——设计线径，mm，$\varphi \leqslant 40mm$；

　　　　$\varphi_{\circ}$ ——覆冰线径，mm。

4. 地形换算系数

覆冰的增长与风力密切相关，而风力又与地形密切相关。在气流的运动过程中，地形的起伏变化导致了气流的分流、扩散与集中，因而在易覆冰区域地形的差别导致了(即使在相同海拔条件下)覆冰分布的差异性。

西南院公司利用西南各区域内观冰站(点)多年对比实测覆冰资料，统计各类地形相应覆冰过程的最大覆冰标准冰厚，总结形成一般地形(平坦、开阔、风速流畅)与常见特殊地形的覆冰变化关系。

覆冰的地形换算应以一般地形的覆冰作为相对基准，地形换算系数设定为1.0，一般地形应具有风速流畅的风特性。由于地形变化异常复杂，对地形的分类及地形换算系数的取值要特别慎重。不同地形的地形换算系数应根据实测资料分析确定，无实测覆冰资料地区可按表 11-3 选用。

表 11-3　地形换算系数 K_{d}

地形类别	K_{d} 范围
一般地形	1.0
风口或风道	2.0～3.0
迎风坡	1.2～2.0
山岭	1.0～2.0
背风坡	0.5～1.0
山麓	0.5～1.0
山间平坝	0.7

5. 线路走向换算系数

架空输电线路走向不同主要导致导线与风向的夹角不同，对导线覆冰量级会产生影响。西南院公司根据在二郎山垭口建立的观冰站 2000～2013 年观测数据，研究发现导线覆冰与覆冰期主导风向有密切关系，大量数据显示垂直于主导风向上的覆冰较其他角度的覆冰显著偏大，这是由于覆冰的增长主要与垂直主导风向上的水汽通量和风速相关，水汽通量越大，在一定风速范围内(0.3～3.0m/s)风速越大，覆冰重量越大。研究表明，假如导线与风向不平行，导线覆冰与风向几乎呈正弦关系，则导线覆冰厚度与主导风向夹角的经验公式为

$$B_b = B_a \sin\theta \qquad (11\text{-}10)$$

式中，B_b——导线覆冰厚度，mm；

B_a——主导风向上覆冰厚度，mm；

θ——导线与主导风向夹角，不为 0。

设计冰厚的确定应考虑输电线路不同走向对覆冰的影响，当调查或实测覆冰标准冰厚与输电线路设计冰厚的走向不一致时，应将调查或实测的覆冰标准冰厚换算为线路设计走向的标准冰厚。覆冰的线路走向换算系数可按式(11-11)计算：

$$K_f = \frac{\sin\theta_2}{\sin\theta_1} \qquad (11\text{-}11)$$

式中，θ_1——实测或调查覆冰导线走向与覆冰期主导风向的夹角，$0 < \theta_1 \leqslant 90°$；

θ_2——设计导线走向与覆冰期主导风向的夹角，$0 < \theta_2 \leqslant 90°$。

[例 11-2]　根据覆冰调查资料计算某输电线路在某地的设计冰厚。

某地覆冰调查资料为：调查输电线路位于一般地形，覆冰直径为 100mm，重现期为 50 年，调查导线直径为 9.6mm，离地高度为 7m，西南-东北走向，与东西向夹角约为 45°，覆冰期主导风向角度约为 315°，密度为 0.5g/cm³，覆冰形状系数为 0.7，东西向调查覆冰标准冰厚为 26.5mm。

某输电线路情况为：输电线路位于迎风坡，输电线路为西南-东北走向，与东西向夹角约为 30°，设计导线线径为 24mm。计算该段输电线路重现期分别为 50 年和 100 年的设计冰厚。

计算过程如下：

(1)重现期换算系数 K_T

查表 11-1 可得调查覆冰资料重现期为 50 年，换算成 100 年一遇的重现期换算系数为 $K_T = 1.1$。

(2)高度换算系数 K_h

离地高度为 7m，设计基准高度为 10m，σ 取 0.17，高度换算系数为 $K_h = \left(\dfrac{10}{7}\right)^{0.17} = 1.063$。

(3)线径换算系数 K_φ

覆冰附着物直径为 9.6mm，设计导线直径为 24mm，线径换算系数为 $K_\varphi = 1 - 0.14\ln\left(\dfrac{24}{9.6}\right) = 0.872$。

(4)地形换算系数 K_d

调查点为一般地形，附近输电线路相应路径段地形为迎风坡，地形换算系数为 $K_d = 1.5$。

(5)线路走向换算系数 K_f

调查覆冰导线走向与覆冰期主导风向的夹角 θ_1 为 90°，设计导线走向与覆冰期主导风向的夹角 θ_2 为 75°，线路走向换算系数 $K_f = \dfrac{\sin 75°}{\sin 90°} = 0.97$。

50 年一遇设计冰厚：

$B = 26.5 \times 1 \times 1.063 \times 0.872 \times 1.5 \times 0.97 = 35.7 \text{mm}$，

100 年一遇设计冰厚：

$B = 26.5 \times 1.1 \times 1.063 \times 0.872 \times 1.5 \times 0.97 = 39.3 \text{mm}$。

第三节 统 计 分 析

架空输电线路设计中重点关注覆冰荷载，尤其是覆冰极值的周期性。覆冰事件的发生可以视为一种随机变量，具有概率性，对输电线路设计有重要意义。覆冰的极值可以认为覆冰这种随机变量的某种函数，可以通过统计分析手段求得覆冰极值的概率分布，从而得到设计重现期下的覆冰极值。本节主要介绍覆冰的资料审查与分析、极值概率分布模型和计算方法选取。

一、资料审查与分析

(一)资料审查

在覆冰频率计算中,通常把实测资料系列看作从总体中随机抽样的一个样本,并在一定程度上可以代表总体。将由样本得到的规律,考虑抽样误差作为总体规律,并以此分析、估计覆冰特征值的频率曲线,并利用频率计算方法获得各种设计标准的覆冰值,以满足输电线路工程设计要求。因此,覆冰资料系列要满足下列要求:

(1)具有一致性,即在同一条件下产生的同类型资料。

(2)具有代表性,即现有覆冰资料系列中应包括各种特征数值,尤其应包含观测资料中的极端值,能较好地反映覆冰变化规律。

(3)具有可靠性,即资料要求真实、可靠。

对气象站和观冰站搜集的覆冰原始资料要进行一致性、代表性和可靠性审查,对特大覆冰值可通过天气系统分析、重现期分析、地区比审、气象要素相关(如覆冰极值的变化与覆冰同时气象要素的关系)、查阅史籍记载等方法进行审查。

(二)相关分析

水文气象变量之间关系的具体形式千差万别，但可概括为两种类型：一种是变量之间存在完全确定的关系，称为函数关系；另一种是变量之间既存在客观的联系又不是完全确定的关系，称为相关关系或回归关系。

若将任意两个变量作为平面直角坐标系中的坐标，并按其对应观测值(x_i, y_i)($i=1$, 2, $\cdots$, n)标在此平面图上，就得到 n 个样本点的散布图，这样的图称为观测值的散点图或相关图。从散点图上一般可以看出变量间关系的统计规律。相关关系虽然不是完全确定的，不能用函数准确描述它们之间的关系，但可根据散布图中点分布的特点，用函数描述它们之间的变化趋势。相关分析就是研究变量间相关关系的一种数学方法。在输电线路覆冰计算中，主要使用长系列变量插补、展延具有相关关系的短系列变量，增加短系列变量的样本数量。

由于覆冰变量的影响因素比较复杂，所以分析计算中所研究的变量之间的关系，大多属于相关关系的类型。相关分析的主要内容如下：

(1)从一组数据出发，确定这些变量间的定量关系式。

(2)对这些关系的可信度进行统计检验。

(3)从影响覆冰变量(或称因变量)的许多变量中，判断各变量的影响显著程度。

(4)利用所得的关系式对覆冰变量进行插补或预报。

相关关系分为简单相关和复相关两种。简单相关分析常用方法有相关图解法、相关计算法、直接最小二乘法、二步法等；复相关分析常用方法有相关图解法、相关计算法、逐步回归分析法等。

假相关与辗转相关是相关分析计算中容易出现的错误，在工作中需要加以避免。实际工作中，应首先对数据进行甄别，判断它们是否具有潜在的相关性。若它们存在一定的相关关系，则可按照简单相关分析或复相关分析的方法判断其相关关系，并进行进一步的分析计算，以满足工程实际需要。

(三)统计检验

统计检验是利用统计学的方法来检验相关分析所得到回归方程的效果。检验方法大都是基于一定的概率分布函数按假设检验和区间估计的原理进行的。

工程中常用的检验方法，大都属于假设检验，即先对总体的特征提出某种假设，然后用某种检验方法对所进行的假设做出接受或拒绝的决定。检验中，关于信度 P 的选定，没有一个固定明确的规则，常用的 P 有 0.05、0.01、0.005 等数值，主要应该根据检验问题的性质，考虑出错所引起的损失来确定。在工程实际应用中，要注意各种检验方法的特点和使用条件。

回归方程检验的方法主要包括相关系数误差检验、回归方程显著性检验、均值检验和均值的置信限、t 检验和 χ^2 检验等。

二、极值概率分布模型

极值Ⅰ、Ⅱ、Ⅲ型、广义极值(generalized extreme value，GEV)和 P-Ⅲ型分布模型是常用的概率模型，本节不列出详细推导过程，考虑国内具有长期观测数据的台站稀少，重点介绍广义帕雷托分布(generalized Pareto distribution，GPD)模型及其使用方法。

(一)极值Ⅰ、Ⅱ、Ⅲ型和 GEV 分布

极值概率分布模型方法一般包括极值Ⅰ型、极值Ⅱ型和极值Ⅲ型，即 Gumbel 分布、Fréchet 分布和 Weibull 分布。同时，GEV 分布包括极值Ⅰ型、极值Ⅱ型和极值Ⅲ型三种分布，在计算时不用考虑原始分布型，使计算更加简单方便，具有很强的实用性。

(1)极值Ⅰ型(Gumbel 分布)：

$$\Phi(x) = \exp\left[-\exp\left(-\frac{x-\mu}{\beta}\right)\right], \quad -\infty < x < \infty \tag{11-12}$$

(2)极值Ⅱ型(Fréchet 分布)：

$$\Phi(x) = \exp\left[-\left(\frac{x-\mu}{\beta}\right)^{-\alpha}\right], \quad 0 < x < \infty, \quad \alpha > 0 \tag{11-13}$$

(3)极值Ⅲ型(Weibull 分布)：

$$\Phi(x) = \exp\left[-\left(-\frac{x-\mu}{\beta}\right)^{\alpha}\right], \quad \alpha > 0, \ x \leqslant 0 \tag{11-14}$$

式中，x——变量；

　　μ——分布的位置参数；

　　α——分布的形状参数；

　　β——分布的尺度参数。

1955 年 Jenkinson 从理论上证明了上述三种类型的经典极值分布模型可写成一个通式[28]，即具有三参数的极值分布函数，其分布函数为

$$\begin{cases} F(x) = \exp\left\{-\left[1-\alpha\left(\frac{x-\mu}{\beta}\right)\right]^{1/\alpha}\right\}, & \alpha \neq 0 \\ F(x) = \exp\left[-\exp\left(-\frac{x-\mu}{\beta}\right)\right], & \alpha = 0 \end{cases} \tag{11-15}$$

式中，x——变量；

　　μ——分布的位置参数；

　　β——分布的尺度参数；

　　α——分布的形状参数。

当 $\alpha < 0$、$\alpha > 0$ 时，分别对应极值Ⅱ型、极值Ⅲ型分布，即 Fréchet 分布、Weibull 分布，而当 $\alpha = 0$ 时，模型则为极值Ⅰ型分布，即 Gumbel 分布，实质为 GEV 分布在 $\alpha \to 0$ 的极限形式。

　　(二)皮尔逊Ⅲ型(P-Ⅲ型)分布

　　皮尔逊Ⅲ型(P-Ⅲ型)分布是根据实测资料的频率分布趋势，对频率曲线选配相应的数学函数式。这种具有一定数学函数式的频率曲线，习惯上称为理论频率曲线。理论频率曲线的建立，使频率曲线的绘制和外延以数学函数式为依据，减少了曲线外延的任意性。

　　P-Ⅲ型频率分布曲线是一条一端有限、一端无限的不对称单峰的正偏曲线，其概率分布函数为

$$P = P\left(X \geqslant x_{\mathrm{p}}\right) = \frac{\beta^{\alpha}}{\Gamma(\alpha)} \int_{x_{\mathrm{p}}}^{\infty} (X - \mu)^{\alpha-1} \mathrm{e}^{-\beta(X-\mu)} \mathrm{d}x \tag{11-16}$$

式中，P——设计频率；

　　　　X——变量；

　　　　α——分布的形状参数；

　　　　β——分布的尺度参数；

　　　　μ——分布的位置参数；

　　　　$\Gamma(\alpha)$——α 的伽玛函数；

　　　　x_{p}——频率为 P 的变量。

　　P-Ⅲ型频率分布曲线实际上是累积频率曲线，通常简称 P-Ⅲ型频率曲线或 P-Ⅲ型分布曲线，P-Ⅲ型分布的三个原始参数 α、β 和 μ 都可用常用统计参数 $E(X)$、C_{V} 和 C_{S} 表示，即

$$\alpha = \frac{4}{C_{\mathrm{S}}^2} \tag{11-17}$$

$$\beta = \frac{2}{E(X) C_{\mathrm{V}} C_{\mathrm{S}}} \tag{11-18}$$

$$\mu = E(X)\left(1 - \frac{2C_{\mathrm{V}}}{C_{\mathrm{S}}}\right) \tag{11-19}$$

$$E(X) = \frac{\alpha}{\beta} + \mu \tag{11-20}$$

式中，C_{S}——偏态系数；

　　　　$E(X)$——数学期望值；

C_{v}——变差系数。

这三个参数的确定常用的方法有矩法估计、极大似然法、概率权重矩法、权函数法及适线法等，这里不再详细赘述。

(三)广义帕雷托分布模型

以上介绍的方法都是采用逐年极值抽取（AM 抽样）的方式，并在此情形下探讨覆冰极值分布。它只是在每个区组内选取一个极值，这种极值数据抽样方式忽略了其他具有丰富信息价值的数据，增加了模型参数估计的不确定性。针对此问题，出现了超越门限（peaks over threshold，POT）模型抽样，运用 Hill 图法选取某门限值以上的数据[29,30]，然后利用 GPD[31]来拟合这些超门限数据，这可以解决目前大部分地区没有长期覆冰资料的问题。

GPD 模型也称为阈值模型，其分布函数为

$$\begin{cases} F(x)=1-\left[1-\alpha\left(\dfrac{x-\chi_{\mathrm{m}}}{\beta}\right)\right]^{1/\alpha}, & \alpha\neq 0,\ \chi_{\mathrm{m}}\leqslant x\leqslant\dfrac{\beta}{\alpha} \\ F(x)=1-\exp\left[-\left(\dfrac{x-\chi_{\mathrm{m}}}{\beta}\right)\right], & \alpha=0 \end{cases} \tag{11-21}$$

式中，x——变量；

α——分布的形状参数；

β——分布的尺度参数；

χ_{m}——门限值。

1. 基于泊松分布和 Hill 图的门限值选取方法

对于 GPD 模型，首先是确定门限值，找出门限值以上的数据，得出用于估计的观察数据，然后才能使用半参数、参数方法进行估计。然而，对于门限值选取，目前仍一直是困扰极值工作者的一个难题：门限值越大，被分析的数据越少，比较接近分布的极端，分析偏差减小，但由于数据过少，估计方差增加；反之门限值过小，被分析数据增加，分析的估计方差减少，但偏差却增大了。

目前，选取方法主要可分为两大类：一类是主要包含平均超出量函数法与 Hill 图法的定性图解法；另一类是主要有基于 Hill 估计的阈值选择方法、厚尾分布与正态分布相交法、峰度法及根据 Cramer-von 统计量 W^2 和 Anderson-Darling 统计量 A^2 提出的 GPD 模型检验方法等的定量计算法。以上阈值选取方法各有优劣，但迄今仍然没有一个统一的最好的选取方法。

考虑到超门限覆冰极值的出现为一个小概率事件,根据泊松分布（Poisson 分布）的性质，相互独立的超门限覆冰极值出现的次数应符合泊松分布，具休方法如下。

假定超门限覆冰极值出现的次数服从泊松分布，则每年发生超门限值的次数

k 的概率为

$$P_k(K=k) = \frac{\lambda^k}{k!}\mathrm{e}^{-\lambda}, \quad k=0,\ 1,\ 2\cdots \tag{11-22}$$

$$\lambda = m/n$$

式中，P_k——每年发生超门限值的次数 k 的概率；

$\quad\quad\lambda$——泊松分布的参数，表示年交叉率；

$\quad\quad m$——超过门限值的极值数量；

$\quad\quad n$——资料记录的总年数。

通过 χ^2 检验法对其进行拟合优度检验，判断超门限值发生次数是否符合泊松分布，并由此判断通过 POT 抽样得到的各次超门限极值是否独立。

χ^2 检验法的基本思想为：设 $X_1, X_2, \cdots, X_n$ 是取自分布为 $F(x)$ 的总体 X 的一个随机样本，$F(x)$ 的形式是未知的，要根据样本检验它是否为某一已知分布 $F_0(x)$，即假设检验

$$H_0 : F(x) = F_0(x) \tag{11-23}$$

把随机试验结果的全体分为 k 个互不相容的事件 $A_1, A_2, \cdots, A_k$，在假设 H_0 下，可以计算

$$P_i = P(A_i), \quad i=1,2,\cdots,k \tag{11-24}$$

显然，在 n 次试验中，事件 A_i 出现的频率 $\dfrac{f_i}{n}$ 与 P_i 有差异。一般来说，若 H_0 为真，则这种差异并不显著。基于这种想法，皮尔逊（Pearson）使用统计量：

$$\chi^2 = \sum_{i=1}^{j} \frac{(f_i - nP_i)^2}{nP_i} \tag{11-25}$$

作为检验理论（假设 H_0）与实际符合程度的尺度。

Hill 图法是基于 Hill 估计量的一种阈值图形分析方法，Hill 估计量的表达式为

$$\gamma(m) = \frac{1}{m} \sum_{j=1}^{m} \left[\ln x_j - \ln \chi_m \right] \tag{11-26}$$

式中，$\gamma(m)$——Hill 估计量；

$\quad\quad\chi_m$——门限值；

$\quad\quad x_j$——大于门限值的变量；

$\quad\quad m$——超过门限值的极值数量。

考察 Hill 估计量随门限值的演变情况，取 Hill 估计量趋于稳定时对应的数值为最佳门限值。

2. GPD 概率分布参数估计

GPD 建模关键的问题是对模型中参数进行估计,其中尤以形状参数(极值指数)为主,对于模型中参数估计,依据所采用的方法分为半参数法和参数法两大类。

半参数法:围绕 Pickands[31]提出的 Pickands 估计、Hill[29]提出的 Hill 估计、Dekkers 和 Haan[32]提出的矩估计,Pickands 估计、Hill 估计作为极值指数最经典的估计,至今仍被普遍应用。

参数法:基于 GPD 模型的参数方法,如极大似然估计、矩法估计和概率权重矩估计等。Smith[33]和 Azzalini[34]则对极值模型最大似然估计进行了研究。由于最大似然估计具有良好的统计特性,其成为近二十年来极值理论中最重要与最常用的估计方法。Hosking 等[35]则对极值模型参数概率权重矩估计法进行了研究,此方法在小样本估计方面具有一些良好的统计特性。

例如,采取 L-矩估计的参数估计法,此方法起源于概率权重矩(probability weight moment,PWM),它是概率权重矩的线性组合。L-矩估计法最大的优点是对序列的极大值和极小值没有常规矩敏感,统计方法较简单,求得的参数估计值比较稳健。首先将原始序列按从大到小排列,对其进行 PWM 估计,其概率权重矩的三阶权重矩可写为

$$b_0 = \bar{X} \tag{11-27}$$

式中, $\bar{X}$ ——大于门限值的标准冰厚序列的算术平均值。

$$b_1 = \sum_{j=1}^{n-1} \frac{(n-j)X_j}{n(n-1)} \tag{11-28}$$

$$b_2 = \sum_{j=1}^{n-2} \frac{(n-j)(n-j-1)X_j}{n(n-1)(n-2)} \tag{11-29}$$

计算上述三式的线性组合,即 L-矩,分别为

$$\lambda_1 = b_0 \tag{11-30}$$

$$\lambda_2 = 2b_1 - b_0 \tag{11-31}$$

$$\lambda_3 = 6b_2 - 6b_1 + b_0 \tag{11-32}$$

由此可得 GPD 模型参数 α 、 β 的通式为

$$\alpha = \frac{\lambda_1 - \chi_m}{\lambda_2} - 2 \tag{11-33}$$

$$\beta = (\lambda_1 - \chi_m)\left(1 + \frac{\lambda_1 - \chi_m}{\lambda_2} - 2\right) \tag{11-34}$$

3. GPD 模型重现期极值推算

重现期 T 反映了小概率的数值大小,重现期 T 越长,代表了概率越小,越是稀有事件。在水文、气象方面还经常以 T(年)一遇来描述时间概率较小。因此,

重现期并非指经过时间 T 后该事件必然再现，而是它只是概率意义上的"徊转周期"。极端值在短时间 T 内也可能出现不止一次，也可能在时间 T 内一次也未出现，这都属于正常情况。

对 GPD 模型进行参数估计后，按照重现期值的定义可得 GPD 模型重现期极值 x_T 的估算公式为

$$x_T = \chi_m + \frac{\beta}{\alpha}[1 - (\lambda T)^{-\sigma}], \quad \alpha \neq 0 \tag{11-35}$$

$$x_T = \chi_m + \beta \ln(\lambda T), \quad \alpha = 0 \tag{11-36}$$

$$\lambda = m/n$$

[例 11-3] 利用 GPD 模型计算冰厚极值。

已知某观冰站2002～2009年共8个冬季的每次实测覆冰过程标准冰厚最大值资料，共计 272 组，试求该站 30 年一遇、50 年一遇最大标准冰厚。

计算步骤如下：

(1) 利用超门限峰值抽样方法确定门限值。选取不同的门限值，得到相应超门限值标准冰厚序列，统计每年覆冰发生的频次，由 χ^2 检验法对相应不同超门限值的每年覆冰发生频次序列进行泊松分布拟合优度检验，检验结果见表11-4。

表 11-4　某观冰站超门限值年发生频次泊松分布的 χ^2 检验

门限值 /mm	统计 年数/年	发生 频次/次	年交叉率 (λ)	统计量 (χ^2)	自由度 ($j-1$)	$\chi^2_{0.05}$	是否通过 检验
18	8	116	14.5000	2.0484	3	7.8150	是
23	8	84	10.5000	3.4012	4	9.4880	是
29	8	56	7.0000	3.6968	3	7.8150	是
38	8	31	3.8750	1.4792	4	9.4880	是

(2) 计算不同门限值下的 Hill 估计量，考察 Hill 估计量随门限值的演变情况，见图11-1。

通过泊松分布的 χ^2 检验可以看出，选取的不同门限值序列全部通过了 0.05 的置信度检验，说明选取的不同门限值序列的覆冰相互独立。

(3) 结合图 11-1 中 Hill 估计量随门限值的变化曲线来看，寻找曲线变平缓、斜率趋于零、趋于稳定的点，确定某观冰站的最佳门限值 χ_m 为 29mm。

(4) 求参数。参数估计采取 L-矩估计法，求出下列参数，X 为大于门限值的覆冰过程标准冰厚最大值序列。

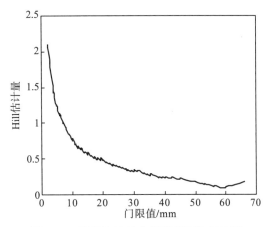

图 11-1 某观冰站最大标准冰厚的 Hill 图

$$b_0 = \overline{X} = 42.0144$$

$$b_1 = \sum_{j=1}^{n-1} \frac{(n-j)X_j}{n(n-1)} = 24.0239$$

$$\lambda_1 = b_0 = 42.0144$$

$$\lambda_2 = 2b_1 - b_0 = 6.0344$$

由此计算形状参数 α 和尺度参数 β 为

$$\alpha = \frac{\lambda_1 - \chi_{\mathrm{m}}}{\lambda_2} - 2 = \frac{42.0144 - 29}{6.0344} - 2 = 0.1570$$

$$\beta = (\lambda_1 - \chi_{\mathrm{m}})\left(1 + \frac{\lambda_1 - \chi_{\mathrm{m}}}{\lambda_2} - 2\right) = (42.0144 - 29)\left(1 + \frac{42.0144 - 29}{6.0344} - 2\right) = 15.0582$$

(5) 计算 30 年一遇和 50 年一遇标准冰厚。

$$x_{30} = \chi_{\mathrm{m}} + \frac{\beta}{\alpha}\left[1 - (\lambda T)^{-\alpha}\right] = 29 + \frac{15.0582}{0.157}\left[1 - (7 \times 30)^{-0.1570}\right] = 83.5\mathrm{mm}$$

$$x_{50} = \chi_{\mathrm{m}} + \frac{\beta}{\alpha}\left[1 - (\lambda T)^{-\alpha}\right] = 29 + \frac{15.0582}{0.157}\left[1 - (7 \times 50)^{-0.1570}\right] = 86.7\mathrm{mm}$$

三、计算方法选取

当观冰站或高山气象站覆冰观测年限大于 10 年时，设计冰厚应采用频率计算的方法。

(1) 覆冰频率计算中概率分布模型应根据冰厚时间序列的分布特性选用，并应选择其中与观测数据拟合最佳的模型计算值作为设计冰厚采用值。

(2) 覆冰概率分布模型推荐选用 P-III 型、极值 I 型、GPD 型，也可选用威布尔、伽马及第一类贝塔等分布模型。

　　当观冰站或高山气象站覆冰观测年限仅有 5～10 年时，设计冰厚可采用 GPD 概率分布模型计算。

　　当覆冰观测资料年限少于 5 年或无覆冰观测资料而仅有某个时期的 1 次覆冰过程极值调查资料时，其极值覆冰重现期的确定可应用历史覆冰调查法或覆冰气象指数频率分析法。

　　通过历史覆冰调查确定重现期的方法参见第八章第五节部分内容。

　　覆冰气象指数频率分析法，在选择历年(冬半年)最大覆冰指数时，该方法的基本资料处理及计算步骤如下：

　　(1) 在每一个冬半年(一般为 10 月至次年 3 月)中，选择日平均气温低于或等于 0℃的天气过程(时段)，一个冬半年中的覆冰天气过程总个数记为 n，选择的年数为 25 年。

　　(2) 对每一个覆冰天气过程中的主要覆冰气象要素对于覆冰的贡献量进行评定。某日的覆冰气象指数等于各要素贡献量之和。主要覆冰气象要素对覆冰贡献量标准见表 11-5。

表 11-5　主要覆冰气象要素对覆冰贡献量标准

气象要素	数值区间	贡献量
日平均气温 T/℃	$-4.0 \leqslant T \leqslant -0.5$	3
	$-6.0 \leqslant T < -4.0$	2
	$-10.0 \leqslant T < -6.0$	1
	其他	0
日平均相对湿度 H/%	$90 \leqslant H \leqslant 100$	4
	$70 \leqslant H < 90$	2
	$50 \leqslant H < 70$	1
	其他	0
日平均风速 V/(m/s)	$0.3 \leqslant V < 3.0$	3
	$3.0 \leqslant V < 6.0$	2
	$6.0 \leqslant V < 15.0$	1
	其他	0

　　(3) 一个覆冰过程的覆冰气象指数等于覆冰过程逐日覆冰气象指数之和除以覆冰过程总日数。在一个冬半年中可计算出 n 个覆冰气象指数。

　　(4) 从一个冬半年的 n 个覆冰气象指数中选择最大者为该年最大覆冰过程相应的年最大覆冰气象指数。

　　(5) 按照步骤(1)～步骤(4)，针对 25 个冬半年，逐一计算并选择年最大覆冰气象指数，可得到连续 25 年的最大覆冰气象指数统计样本。

　　(6) 应用 25 年的最大覆冰气象指数统计样本进行频率计算，分析实测或调查覆冰值的重现期。

第四节　覆冰数学模型

覆冰荷载是输电线路工程设计输入的必要参数，而设计覆冰荷载数据需要基于连续多年的覆冰观测或调查资料分析计算得到，目前，我国覆冰实测资料非常短缺，在资料严重缺乏的情况下，当采用常规勘测方法确定设计覆冰存在实际困难时，可通过建立可靠的覆冰数学模型来分析计算覆冰量级。

一、覆冰数学模型分类

目前，国内外构建使用的覆冰数学模型较多，类别多样。

(1)覆冰数学模型主要是从有规律性的气象参数观测或从液滴分布及液水含量观测等物理概念的角度建立的模型，主要分为经验模型和理论模型。

(2)按覆冰类别可分为雨凇模型和雾凇模型。

(3)按覆冰增长方式可分为干增长模型和湿增长模型。

(4)按覆冰数学模型构建方式可分为统计模型和概念模型。

(5)按覆冰理论基础可分为热力学模型和流体力学模型。

(6)按覆冰数学模型适用范围可分为通用模型和区域模型。

目前，虽然覆冰数学模型有很多种，但不论是简单模型还是综合复杂模型都存在一定局限性，不同模型往往是在不同条件下和一定范围内才能取得相对较好的验证效果，加之受尺度、精度和适用条件等限制，现有覆冰数学模型难以直接应用于工程实践或进行大范围推广，仍需进一步开展覆冰数学模型研究，提高覆冰数学模型的准确性和适用性。

下面简单介绍部分国外较为通用的覆冰数学模型[36]，以及详细介绍西南院公司自主创建的覆冰数学模型。

二、国外覆冰数学模型

(一)Imai 模型

Imai 模型[37]是一种雨凇模型，认为覆冰强度由导线表面的传热控制，即湿增长过程，导线表面总有一个薄薄的水层存在。因此，单位时间、单位长度上的雨凇覆冰重量与空气温度的相反数成正比，而与降水强度无关，其数学关系式为

$$\frac{\mathrm{d}G}{\mathrm{d}t} = C_1\sqrt{VR}(-T) \tag{11-37}$$

对上述方程进行积分，并假设雨凇密度为常数 (0.9g/cm^3)，得到

$$R^{3/2} = C_2\sqrt{V}\,(-T)t \tag{11-38}$$

式中，G——单位长度导线上的雨凇覆冰重量，g；

$\quad$ R——覆冰半径，mm；

$\quad$ C_1、C_2——常数；

$\quad$ V——风速，m/s；

$\quad$ T——气温，℃；

$\quad$ t——覆冰时长，h。

这个简单模型在概念上是正确的，但是最近越来越多的研究表明覆冰表面的热量传递受到表面粗糙度及蒸发冷却的影响，常数 C_2 很难准确确定，并且当气温低于-5℃时，湿增长假设难以成立，而当温度接近 0℃时，又没有考虑导线上由水流而形成的冰柱。基于以上原因，在典型条件下，当导线表面是水流量控制覆冰而不是传热控制覆冰时，Imai 模型将高估导线覆冰重量，而在极端情况下将低估覆冰重量，是因为此时 C_2 的值太小，并且导线底部由水流而产生的冰柱被忽略。当气温接近 0℃而发生雨凇覆冰时，这种低估现象会表现得特别严重。湖南、湖北、江西及贵州等地区常出现气温在 0℃左右时的雨凇覆冰天气，尤其应引起注意。

（二）Lenhard 模型

Lenhard 模型[38]是在经验数据的基础上，提出了一个最简单的雨凇覆冰重量计算式，即单位长度导线的覆冰重量 G 为

$$G = C_3 + C_4 H_g \tag{11-39}$$

式中，H_g——整个覆冰过程中的总降水量，mm；

$\quad$ C_3、C_4——常数。

此模型忽略了风速、气温、湿度等对覆冰的影响，认为覆冰重量只与降水量有关。此模型过于简单，单从经验判断，降水量与覆冰重量之间并不存在显著相关关系，降水只有在一定的气象条件下(特别是考虑气温的条件下)才会变为导线覆冰。

（三）Goodwin 模型

Goodwin 模型[39]假设了雨凇由冻雨凝结而成，并且覆冰凝结成为圆形，同时认为所有被导线收集或捕获的过冷却水滴全部在导线表面冻结成冰，即覆冰为干增长过程，则单位长度导线的覆冰重量 G 的增长率为

$$\frac{dG}{dt} = 2RWV_i \tag{11-40}$$

式中，W——空气中的液态水含量，kg/m^3；

　　R——覆冰半径，mm；

　　V_i——过冷却水滴的撞击速度。

在时刻 t 时，单位长度导线上的覆冰重量为

$$G = \pi\rho\left(R^2 - R_0\right)^2 \tag{11-41}$$

式中，ρ——覆冰密度，g/cm^3；

　　R_0——导线半径，mm。

过冷却水滴的撞击速度 V_i 为

$$V_i = \sqrt{V_d^2 + V^2} \tag{11-42}$$

式中，V_d——过冷却水滴下落的速度，m/s；

　　V——风速，m/s。

此处假设风向与导线架垂直。从而空气中的液态水含量 W 可以和覆冰时长 t 内所测得的降水量联系起来，即

$$\rho_\omega H_g = W V_d t \tag{11-43}$$

式中，ρ_ω——水的密度，g/m^3；

　　H_g——整个覆冰过程中的降水量，mm。

在时间 t 内的覆冰厚度 ΔR 为

$$\Delta R = \frac{\rho_w}{\rho}\frac{H_g}{\pi}\sqrt{1 + \left(\frac{V}{V_d}\right)^2} \tag{11-44}$$

此模型假设导线上的覆冰为均匀圆筒形，导线对过冷却水滴的吸附系数为1。模型计算中需要过冷却水滴的下落速度 V_d，但 V_d 很难确定，因此该模型在工程勘测设计中难以直接使用。

（四）Chaine 模型

Chaine 模型[40]同样是假设导线捕获的过冷却水滴全部冻结在导线上，即覆冰为干增长过程，但覆冰形状为不均匀的椭圆形，覆冰导线截面面积 S_i 为

$$S_i = \frac{\pi R_0}{2}\sqrt{H_g^2 + H_v^2} \tag{11-45}$$

$$H_v = WVt/\rho_\omega \tag{11-46}$$

式中，H_g——整个覆冰过程中的降水量，mm；

　　H_v——竖直表面上的水层厚度，mm；

　　R_0——导线半径，mm；

　　W——空气中的液态水含量，kg/m^3；

　　V——风速，m/s；

ρ_ω——水的密度，g/m^3；

t——覆冰时长，h。

当实际覆冰导线截面为非椭圆形时，引入截面形状修正系数 K，K 为实际截面面积与式(11-46)计算出的面积之比，则覆冰的当量径向厚度为

$$\Delta R_0 = \left(\frac{R_0 K}{2}\sqrt{H_g^2 + H_v^2} + R_0^2\right)^{1/2} - R_0 \tag{11-47}$$

形状修正系数 K 是导线半径 R_0 与气温的函数，由经验确定。

由于该模型的试验是在高风速、高液态水含量及小直径水滴情况下完成的，所以与冻雨覆冰时的特征有些差异。

现假设实际覆冰形状为圆形，则得到

$$\Delta R_0 = \frac{\rho_\omega}{\rho}\frac{1}{\pi}\sqrt{H_g^2 + H_v^2} \tag{11-48}$$

将适合圆形覆冰预测的式(11-48)与椭圆形概念的式(11-45)进行比较，定义 $H = \sqrt{H_g^2 + H_v^2}$，则得到

$$\frac{\rho_\omega}{\rho}\frac{H}{\pi} = \left(\frac{R_0 K H}{2} + R_0^2\right)^{1/2} - R_0 \tag{11-49}$$

从式(11-49)解出 K 得

$$K = \frac{4}{\pi}\frac{\rho_\omega}{\rho} + \frac{2}{\pi^2}\left(\frac{\rho_\omega}{\rho}\right)^2\frac{H}{R_0} \tag{11-50}$$

假设典型的雨凇密度为 $0.9g/cm^3$，则

$$K = 1.4 + 0.25\frac{H}{R_0} \tag{11-51}$$

或者

$$K = 1.4 + 0.25\frac{\sqrt{\frac{Wt}{\rho_\omega}}(V_d + V)}{R_0} \tag{11-52}$$

从式(11-50)和式(11-52)可以看出，即使对于最简单的圆形覆冰情况，在 Chaine 模型中，形状修正系数 K 和影响覆冰过程的所有相关参数有关，这个方程包含的一个常数却取决于这个覆冰厚度本身。因此，在实际应用中此问题的严重性可以通过在式(11-51)中改变 H 值来进行估计。例如，当 $R_0 = 10mm$，$H = 5mm$ 时，形状修正系数 $K = 1.53$；而当 $H = 50mm$ 时，$K = 2.65$。对于较大直径的导线，K 随 H 的变化越来越小，但在实际情形中，K 的变化却很大。另外，模型计算中需要竖直表面上的水层厚度 H_v，由于 H_v 或 H 值很难确定，所以该模型在工程勘测设计中难以直接使用。

（五）McComber 模型

以上四种模型都属于雨凇模型，McComber 模型[41]则属于雾凇模型。McComber 和 Govoni 于 1978～1980 年在 New Hampshire 的华盛顿山上进行了雾凇试验。试验线路导线是架设于离地 2.5m 高、直径 64mm 的钢丝绞线，导线方向与主导风向垂直。试验测量了气温、风速、液态水含量、水滴直径、覆冰重量、最大覆冰直径等参数。在采用覆冰数据进行分析时，均发现覆冰随时间的延长而增长。因此，McComber 和 Govoni 建议使用指数增长模型，即

$$G = G_0 e^{kt} \tag{11-53}$$

式中，G ——单位长度导线的覆冰重量，g；

G_0 ——单位长度导线的平均初始覆冰重量，g；

k ——常数；

t ——覆冰时长，h。

上述公式中，常数 k 按式（11-54）计算：

$$k = 4 \times 10^{-2} \frac{EW\overline{V}}{\rho\varphi_0} \tag{11-54}$$

式中，$\overline{V}$ ——平均风速，m/s；

E ——过冷却水滴捕获系数；

W ——空气中的液态水含量，kg/m³；

φ_0 ——导线直径，cm；

ρ ——覆冰密度，g/cm³。

式（11-53）中的覆冰重量 G 与覆冰半径 R 有关，即

$$G = 3.14R^2\rho \tag{11-55}$$

由以上关系式可以获得覆冰半径 R 为

$$R = \left(0.318\frac{G}{\rho}\right)^{\frac{1}{2}} \tag{11-56}$$

McComber 和 Govoni 发现他们的试验中所测得的数据与指数增长模型吻合很好，五个试验中的平均初始覆冰重量 G 均为 1kg。由于这些试验是在相对较小的地理范围内进行的，气象条件相对单一，如果在更广泛的、气象条件差异较大的地理范围内进行试验，本模型与实际情况的吻合度可能会有所降低。

三、自主创建的模型

前述模型多数是在特定场景满足一定条件下从物理微观角度建立的模型，适用范围较小和输入参数获取困难，难以直接应用于输电线路的勘测设计。为克服

上述不足，国内已有部分研究从气象观测和覆冰观测资料入手，采用不同建模方法进行覆冰模型构建，建立了更具备可操作性的实用模型。西南院公司借助其建立的大量观冰站（点）所积累的长期覆冰和常规气象观测资料，建立了以下几种覆冰模型。

(一)覆冰气象概念模型

由于水平气流生成的覆冰主要为雾凇形式，所以前述由水平气流生成的覆冰模型对雨凇及雨雾凇混合冻结覆冰的情况误差较大，而这两种覆冰类型也属于常见类型。为弥补这一模型的不足，西南院公司构建了涵盖雨凇及雨雾凇混合冻结覆冰的模型。

西南院公司在二郎山垭口处建立了二郎山观冰站，海拔为2987m。该站从2001年起开始进行覆冰观测和常规气象观测，至今已有19年连续观测资料。利用这些资料，建立了以常规气象因子为参数的覆冰气象概念模型。

1. 基于水汽输送量的覆冰模型

单位体积中所含水汽的质量称为绝对湿度（水汽密度），绝对湿度采用式(11-57)计算：

$$q_{\mathrm{w}} = 217\frac{e}{T_k} \tag{11-57}$$

式中，e——水汽压，hPa；

$\quad\quad T_k$——绝对温度，K。

定义导线单位截面积日平均水汽输送率为

$$Q = \frac{1}{n}\sum_{i=1}^{n} q_{\mathrm{w}i}V_i \sin\theta_i \tag{11-58}$$

式中，n——日观测次数；

$\quad\quad V$——风速，m/s；

$\quad\quad \theta$——导线与风向夹角。

假定单位体积水汽含量q_{w}与单位体积液态水含量W成正比，即$W = kq_{\mathrm{w}}$，则可用q_{w}近似表示W的变化。假定导线单位截面积水汽输送率与液态水输送率近似成正比，即平均水汽输送率Q为

$$Q = \frac{1}{n}\sum_{i=1}^{n} q_{\mathrm{w}i}V_i \sin\theta_i \approx \frac{1}{kn}\sum_{i=1}^{n} W_iV_i \sin\theta_i \tag{11-59}$$

$Q\cdot\tau$是指水汽输送量在τ时间段水平方向的输送量，在覆冰过程中若有降水过程，其影响在水汽输送量中体现不出，有必要将降水的影响表示出来。

把覆冰增长厚度D分解为水平雾滴运动形成的覆冰厚度D_{w}与降水过程形成的覆冰厚度D_{J}，雾凇覆冰厚度D_{w}则为

$$D_\mathrm{W} = \frac{k}{\pi\rho}\beta_\mathrm{d}EQ\cdot\tau \tag{11-60}$$

式中，D_W——雾凇覆冰增长厚度，mm；

ρ——覆冰密度，$\mathrm{g/cm^3}$；

β_d——冻结系数；

E——过冷却水滴捕获系数。

当覆冰是雨凇时，这里雨凇的范围指垂直下落的液态过冷却水滴在导线上的冻结体(冻雨凇)，覆冰由降水生成，在此条件下：

设单位时间降水强度为 $q\,(\mathrm{mm/h})$，类似可推出，τ 时间段覆冰导线截获并冻结的水量体积为 $E\beta_\mathrm{d}(D+\varphi_0)q\tau$，则对应覆冰重量增长量为

$$M = \rho_\mathrm{w}E\beta_\mathrm{d}(D+\varphi_0)q\tau \tag{11-61}$$

式中，D——覆冰增长厚度，mm；

φ_0——导线直径，mm。

设液态水的比重 $\rho_\mathrm{w}=1$，则可得到雨凇覆冰厚度增长模型：

$$D_\mathrm{J} = \frac{1}{\pi\rho}\beta_\mathrm{d}Eq\tau \tag{11-62}$$

故同时包含雾凇和雨凇的覆冰厚度 D 为

$$D = D_\mathrm{W} + D_\mathrm{J} \tag{11-63}$$

2. 基于能见度的覆冰模型

在气象模式中，能见度(Vis)的模拟一般采用与消光系数(γ)的参数化方案，即

$$\mathrm{Vis} = -\frac{\ln\varepsilon}{\gamma} \tag{11-64}$$

式中，ε——视觉阈值，一般取 0.02。

1984 年 Kunkel[42]在试验中发现，消光系数 γ 与液态水含量 W 的相关系数达到 0.95，并进一步得到两者之间的函数关系，称为 K84 方案，即

$$\gamma = aW^b = 144.7W^{0.88} \tag{11-65}$$

该方案是目前被普遍采用的方案，式(11-65)中参数 a,b 由资料统计获得，与雾滴的谱特征有关。对于选定方案，已知能见度观测值 $\mathrm{Vis}\,(\mathrm{km})$，按式(11-66)计算液态水含量：

$$W = \left(\frac{\ln 50}{a\mathrm{Vis}}\right)^{1/b} \tag{11-66}$$

与水汽输送率相似，可按式(11-67)计算液态水输送率：

$$Q = \frac{1}{kn}\sum_{i=1}^{n} W_i V_i \sin\theta_i \tag{11-67}$$

水平雾滴运动形成的雾凇覆冰厚度 D_W 和降水过程形成的雨凇覆冰厚度 D_J 计算公式同上。

记 q 为雨强（mm/h），由覆冰过程内 12h 降水量的 L 次记录累加并除以 L 而得到；对于降水形成的覆冰，密度 ρ 近似取 0.9；考虑雨滴较雾滴体积大，惯性大，再考虑雨滴截面对应覆冰翼型形状的长径等因素，取 $E \approx 1$，则有

$$D_J = \frac{q \cdot \tau}{3.14 \times 0.9} \tag{11-68}$$

覆冰厚度 D 为雾凇覆冰厚度 D_W 和雨凇覆冰厚度 D_J 两者之和。

（二）二郎山改进模型

前述的所有模型都属于导线覆冰的物理概念模型，主要通过分析计算各种物理量及参数来实现对覆冰大小的求解。由于模型受到各种客观条件的限制，部分模型在实际应用中的效果不够好。为更好地利用覆冰和气象观测资料，引入机器学习方法，采用 M5P 模型树方法处理现有资料，取得了更好的建模效果。

该方法的主要思路是：根据已有的覆冰和气象观测资料，首先将若干次覆冰过程对应的气象要素值和覆冰的标准冰厚值整理为形如 $y = \sum_{i=n}^{1} a_i x_i + b$ 的若干个方程组，其中 y 为每次覆冰过程中覆冰标准冰厚的极值，x_i 为每次覆冰过程的平均气象要素值，a_i 和 b 为系数。

筛选出对覆冰影响显著的气象要素，创建一个以多个气象要素值为自变量，以导线覆冰标准冰厚极值为因变量的多元线性方程。通过 M5P 模型树方法求出在不同条件下方程的系数，从而获得从气象要素值到标准冰厚极值的数学建模。

M5P 模型树方法是在分类回归树的基础上发展而来的，是基于树结构的分段多元回归模型。其主要特点就是在树结构中的每个叶节点采用一个多元回归式，从而使得构建的树结构较小，并提高了数值预测的精度。其实质是将部分自变量按值域分为不同区间，在不同区间上使用不同的回归方程。其算法描述如下：

假设输入空间为 M，模型树选择某种划分标准将 M 划分成子集，并且对这些子集递归地应用相同的划分过程，直至划分标准不再出现明显变化才结束划分。M5P 模型树方法采用的划分标准是：将划分前的空间 M 的标准差看作该空间的误差度量，并计算划分后该误差的期望减少值，以此计算结果作为评价该划分优劣的检测标准。计算标准差期望减少值（standard deviation reduction，SDR）的公式是

$$SDR = sd(M) - \sum_i \frac{|M_i|}{|M|} \times sd(M_i) \tag{11-69}$$

式中，$sd(M)$——空间 M 的标准差；

M_i——划分后的子空间；

$|M_i|$——子空间 M_i 的实例数目；

$|M|$——该空间的实例数；

$\text{sd}(M_i)$——子空间 M_i 的标准差。

在计算前，首先需要对属性的每个样本进行排序，得到排序后的样本序列，n 个属性的样本序列就构成 n 个样本空间，然后对样本空间进行空间划分。

空间划分是一个递归过程，一般采用二分法对空间进行划分。首先选择二分化的样本空间，即选择 n 个空间中的一个来进行划分；然后计算划分的值，以计算出的值作为划分点将空间一分为二。接下来在划分出来的子空间中按照上述方法继续划分，如此循环往复，直至满足停止条件后不再划分。停止条件是划分后的标准差只占总体原始标准差的很小比例（如 5%）或划分后节点所包含的样本数目很少（如 4 个或更少）。

从以上算法可以看出，模型树的划分是沿着坐标轴平行划分的，如果叶节点很多，则使整个样本空间划分为若干个小的子空间，呈碎片化。为避免碎片化所导致的线性模型在检验集上推广能力不足的情况，需要对模型树进行"剪枝"。"剪枝"就是对树结构中某些子树进行归并，用叶节点来代替，从而提高模型树的简洁性、推广性和表达的效率。

"剪枝"所用的准则就是模型拟合训练集数据的误差减少量（E_R）。

$$E_R = |N| R_{MSE} - |N_l| R_{MSEl} - |N_r| R_{MSEr} \tag{11-70}$$

式中，$|N|$——该节点（包含下属的分支和叶节点）所有样本数目；

R_{MSE}——该节点的回归方程预测的均方根误差；

$|N_l|$——按二分法划分节点的左子空间样本数目；

$|N_r|$——按二分法划分节点的右子空间样本数目；

R_{MSEl}——划分后左子节点的均方根误差；

R_{MSEr}——划分后右子节点的均方根误差。

当 $E_R > 0$ 时，该子树保留，否则变为一个叶节点。"剪枝"的过程是一个递归的过程，经过上述方法处理后，就可以建立 M5P 模型树。

基于二郎山观冰站的长期覆冰实测资料，经过筛选后，选择的气象要素因子包括过程平均气压（P_a）、过程平均气温（T_a）、过程平均水汽压（P_v）、过程平均相对湿度的对数（$\ln(H_r)$）以及覆冰增长历时，即结冰时长（L）和水汽输送量（Q_s）。其中，水汽输送量（Q_s）是按照式（11-57）和式（11-58）求解的，得到 5 个使用条件下标准冰厚（B_o）的计算方程如下。

当水汽输送量 $Q_s \leqslant 98.992$ 时，标准冰厚方程（1）：

$$B_o = -0.0126P_a + 0.0136T_a - 1.1296P_v + 1.5879\ln\left(H_r\right)$$
$$+ 0.9157L + 0.1125Q_s + 13.9267$$

当水汽输送量 $98.992 < Q_s \leqslant 484.186$，结冰时长 $L \leqslant 1.566$ 时，标准冰厚方程 (2)：

$$B_o = -0.4211P_a + 0.0746T_a + 3.6751P_v + 6.9249\ln\left(H_r\right)$$
$$+ 3.2268L + 0.0033Q_s + 272.5804$$

当水汽输送量 $98.992 < Q_s \leqslant 484.186$，结冰时长 $L > 1.566$，过程平均水汽压 $P_v \leqslant 3.092$ 时，标准冰厚方程 (3)：

$$B_o = -0.1539P_a + 0.1051T_a + 2.2249P_v + 6.9249\ln\left(H_r\right)$$
$$+ 4.4152L + 0.001Q_s + 107.2066$$

当水汽输送量 $98.992 < Q_s \leqslant 484.186$，结冰时长 $L > 1.566$，过程平均水汽压 $P_v > 3.092$ 时，标准冰厚方程 (4)：

$$B_o = -0.1075P_a - 0.0153T_a - 1.566P_v + 6.9249\ln\left(H_r\right)$$
$$+ 3.4161L + 0.001Q_s + 70.8208$$

当水汽输送量 $Q_s > 484.186$ 时，标准冰厚方程 (5)：

$$B_o = -0.0952P_a - 0.0844T_a - 11.2479P_v + 351.2285\ln\left(H_r\right)$$
$$+ 4.1947L + 0.0042Q_s - 1451.4637$$

基于 M5P 模型树的二郎山冰厚模型决策图如图 11-2 所示，5 个标准冰厚方程的使用条件可根据其决策图来判定。

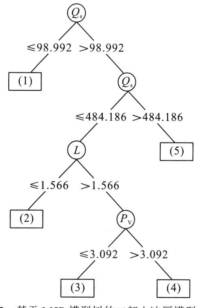

图 11-2   基于 M5P 模型树的二郎山冰厚模型决策图

（三）多元线性回归模型

覆冰主要受气象因子和地形因子影响，基于大量覆冰实测数据可采用统计学方法建立覆冰回归模型。西南院公司利用其四川西南地区 56 个观冰站（点）的长系列覆冰和气象数据以及地形数据，构建了多元线性回归模型。

在多元线形回归模型中，因变量 y 与多个自变量 $x_1, x_2, \cdots, x_k$ 之间具有线性关系，其 n 组观测值为 $y_a, x_{1a}, x_{2a}, \cdots, x_{ka}(a=1, 2, \cdots, n)$。多元线性回归模型的结构形式为

$$y_a = \beta_0 + \beta_1 x_{1a} + \beta_2 x_{2a} + \cdots + \beta_k x_{ka} + \varepsilon_a \tag{11-71}$$

式中，β_i——回归参数；

ε_a——随机误差。

如果 $b_0, b_1, \cdots, b_k$ 分别为 $\beta_0, \beta_1, \cdots, \beta_k$ 的拟合值，则多元线性回归方程为

$$\hat{y} = b_0 + b_1 x_1 + b_2 x_2 + \cdots + b_k x_k \tag{11-72}$$

式中，b_0——常数；

$b_i(i=1,2,\cdots,k)$——偏回归系数。

偏回归系数 $b_i(i=1,2,\cdots,k)$ 的意义是，当其他自变量 $x_j(j \neq i)$ 都固定时，自变量 x_i 每变化一个单位而使因变量 y 平均改变的数值。

逐步回归的基本思想是：将变量逐一引入，引入变量的条件是偏回归平方和经检验是显著的，同时每引入一个新变量后，对已选入的变量要进行逐个检验，将不显著变量剔除，这样保证最后所得的变量子集中的所有变量都是显著的。这样经若干步以后便得到最优变量子集。

根据大量样本数据，进行多元回归拟合，通过检验得到区域多元线性回归模型，即

$$Y = 8.3682X_1 - 3.4353X_2 - 0.0169X_3 + 3.3784X_4 + 2.3526X_5 + 4.4282X_6 + 1.247 \tag{11-73}$$

式中，X_1——降水，mm；

X_2——气温，℃；

X_3——气压，hPa；

X_4——水汽压，hPa；

X_5——日最低气温，℃；

X_6——地形类别；

Y——标准冰厚，mm。

（四）支持向量机模型

考虑覆冰与部分气象因子或地形因子并不一定呈线性关系，西南院公司采用支持向量回归机（support vactor regression，SVR）方法构建区域非线性覆冰模型。

由于支持向量回归机方法属于机器学习方法，更适合于小样本和变量较多且变化复杂的情况。

对于非线性回归情况，支持向量回归机引入了核函数方法，使得输入样本空间的非线性变换到一个高纬度的线性特征空间，并在此空间中利用线性方法解决非线性问题。核变换后，决策函数 $f(x)$ 变为如下形式：

$$f(x) = w^{\mathrm{T}} \cdot \phi(x) + b \tag{11-74}$$

式中，x——输入变量；

w，b——待定参数。

定义线性 ε 不敏感损失函数为

$$|y - f(x)|_{\varepsilon} = \begin{cases} 0, & |y - f(x)| \leqslant \varepsilon \\ |y - f(x)| > \varepsilon, & |y - f(x)| > \varepsilon \end{cases} \tag{11-75}$$

该损失函数的主要特点是为决策函数提供一个没有任何损失的区域，即 ε 带。由于主要的损失来自 ε 带以外的样本点，所以在 SVR 方法中把位于 ε 带及其以外的样本点作为支持向量（support vactor，SV），帮助决策函数进行决策。

通过寻找最优 w、b，得到最优化问题为

$$\min \quad \frac{1}{2} w^{\mathrm{T}} w$$

$$\text{s.t.} \quad y_i - w \cdot \phi(x_i) - b \leqslant \varepsilon$$

$$w \cdot \phi(x_i) + b - y_i \leqslant \varepsilon$$

$$i = 1, 2, \cdots, n$$

当约束条件无法实现时，通过引入松弛变量 ξ_i、ξ_i^*，将最优化问题转化为如下形式：

$$\min \quad \frac{1}{2} w^{\mathrm{T}} w + C \sum_{i=1}^{l} (\xi_i + \xi_i^*)$$

$$\text{s.t.} \quad y_i - w \cdot \phi(x_i) - b \leqslant \varepsilon + \xi_i$$

$$w \cdot \phi(x_i) + b - y_i \leqslant \varepsilon + \xi_i^*$$

$$\xi_i, \xi_i^* \geqslant 0$$

$$i = 1, 2, \cdots, n$$

利用拉格朗日乘子求解凸二次规划问题，所得结果如下：

$$\min \frac{1}{2} \sum_{i=1}^{n} \sum_{j=1}^{n} (\alpha_i - \alpha_i^*)(\alpha_j - \alpha_j^*) K(x_i, x_j) + \varepsilon \sum_{i=1}^{n} (\alpha_i + \alpha_i^*) - \sum_{i=1}^{n} y_i (\alpha - \alpha_i^*)$$

$$\text{s.t.} \quad \sum_{i=1}^{n} (\alpha_i - \alpha_i^*) = 0$$

$$0 \leqslant \alpha_i, \quad \alpha_i^* \leqslant C$$

其中，只有部分参数 $\alpha_i - \alpha_i^*$ 不为 0，它们就是问题中的 SV。从而通过学习得到的

回归估计函数为

$$f(x_i) = \sum_{x_i \in \text{SV}} (\alpha_i - \alpha_i^*) K(x_i, x) + b \tag{11-76}$$

其中，

$$b = \frac{1}{N_{\text{NSV}}} \left\{ \sum_{0 < \alpha_i < C} \left[y_i - \sum_{x_j \in \text{SV}} (\alpha_j - \alpha_j^*) K(x_j, x_i) - \varepsilon \right] + \sum_{0 < \alpha_i^* < C} \left[y_i - \sum_{x_j \in \text{SV}} (\alpha_j - \alpha_j^*) K(x_j, x_i) + \varepsilon \right] \right\} \tag{11-77}$$

式中，N_{NSV}——标准支持向量个数。

支持向量回归机建模流程如图 11-3 所示。

支持向量回归机属于黑箱方法，其本身的特性使得结果无法用单一公式来简单表示，而是采用一系列复杂步骤和算法计算出预测值，由于计算量较大，一般建议采用 Libsvm 软件包或诸如 MATLAB、Python 等平台的程序库来计算和输出结果。

西南院公司利用大量覆冰和气象实测资料，选取覆冰过程相应平均气温、最低气温、风速、降水、水汽压、日照时数、气压、经度、纬度、海拔、微地形类别等 11 个自变量因子，进行支持向量回归分析，通过参数寻优，并经过检验得到区域支持向量回归机模型。

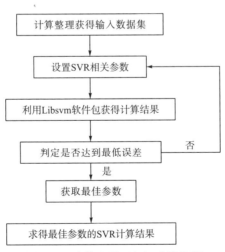

图 11-3 支持向量回归机建模流程

建模试验结果表明，支持向量回归机模型相对稳定，相较常规线性回归模型其模拟精度明显提高，也表明部分因子与覆冰量级存在较好的非线性关系，就区域覆冰模拟而言，支持向量回归机模型预测结果比线性回归模型更为理想。

第四篇　覆冰分布与区划

第十二章　覆冰分布

我国幅员辽阔，地形复杂多样，气候区域差异明显，使得我国的覆冰分布在空间、时间和地形上呈现出不均衡和多元化的特点。本章从上述三个方面分别介绍我国的覆冰分布情况。

第一节　覆冰空间分布

一、覆冰气候背景与气候带

覆冰气候背景反映了大范围区域的覆冰气候条件，直接影响了区域覆冰的生成和分布。覆冰在地理上的分布与大气环流背景、气候条件和天气系统有着密切关系。影响我国覆冰天气的主要系统有寒潮、强冷空气、高原槽、南支槽、西南低涡和静止锋等。其中，寒潮和强冷空气的影响区域广泛、持续时间相对较长；高原槽、西南低涡和滇黔静止锋是影响我国西南局部区域覆冰天气的重要系统；华南静止锋是影响我国华南局部区域覆冰天气的重要系统；南支槽是冬季南方地区重要的水汽提供系统。

当我国发生大范围的覆冰过程时，亚洲中纬度 500hPa 环流形势多为南北槽脊共同作用，槽后西北气流将北方冷空气牵引南下，配合南支槽槽前的西南气流输送暖湿气流，500hPa 高度距平场为北高南低的形势，低、高层冷暖空气在空中交汇生成雨雪冰冻天气，这是造成我国大范围覆冰天气形势的主要特征。

气候带综合反映了大气环流和洋流对热量、水分的传输，体现了大范围区域的气候特征。根据文献[43]，我国被划分为 9 个气候带，其特征、分布与覆冰情况见表 12-1。

表 12-1　中国气候带与覆冰情况

气候带	位置	气候特征	覆冰情况
赤道热带	南沙群岛至曾母暗沙的南海南部海域	本带属于湿润气候型，1月平均气温高于 26℃，年降水量 1500～2000mm，有干、湿季之分	无冰

续表

气候带	位置	气候特征	覆冰情况
中热带	从台湾南端恒春至海南岛端崖县以南的西沙群岛和中沙群岛的南海北部海域	本带属于湿润气候型，1月平均气温20~26℃，年降水量1000mm左右，6~11月为湿季，12月~次年5月为干季	无冰
边缘热带	主要位于台湾南部、东沙群岛、雷州半岛、海南岛及云南南部河谷地区	本带属于湿润气候型，1月平均气温15~26℃，年降水量1000~2400mm，全年均为生长季	无冰
南亚热带	主要位于台湾南部和中部、福建、广东、广西三省大部及云南南部	1月平均气温10~15℃，年降水量1000~2000mm，全年生长季9.5~12个月	云南东南部、广西北部、广东西北部和福建西部主要为轻度覆冰区域，局部覆冰较重
中亚热带	主要位于长江中下游南部、四川盆地及云南中部	1月平均气温4~10℃，年降水量1000~1800mm，全年生长季8~9.5个月	局部地区覆冰较重
北亚热带	主要位于长江中下游、汉水流域、贵州中部和云南北部	1月平均气温0~6℃，东部年降水量900~1600mm，有伏旱现象，全年生长季7.5~8个月	覆冰较严重
暖温带	主要位于黄淮海、渭河、汾河流域以及新疆南部	1月平均气温-12~0℃，黄淮海、渭河、汾河流域属于亚湿润气候，年降水量500~900mm，新疆南部属于极干气候，年降水量50~60mm。全年生长季5.5~7.5个月	局部地区覆冰较重
中温带	从东北地区一直延伸到新疆，包含了从湿润到干旱的各种气候类型	1月平均气温-30~-12℃，7月气温20~26℃，年降水量从湿润区的600~800mm到干旱区的50~60mm。全年生长季3.5~5.5个月	局部地区有轻度和中度覆冰
寒温带	仅在大兴安岭北部的根河地区	1月平均气温低于-30℃，7月气温16~18℃，年降水量300~500mm。全年生长季3个月	覆冰较轻

　　由于受大气环流、海陆分布、地形与海拔等因素的影响，气候带的分布并非均匀和连续的，在同一气候带内的高原和高山地区，地形与海拔的显著差异，会呈现出立体气候特征，包含多种局地气候类型。总体上来说，我国易覆冰区域主要集中在亚热带和暖温带，尤其是其中的山地区域容易产生严重覆冰。

二、覆冰地域分布

　　由于我国地域广阔、穿越了多个气候带，覆冰地域分布差异明显，我国北起黑龙江，南至广东，西起新疆，东至浙江、山东都有不同程度的覆冰现象，其中四川、云南、贵州、重庆、湖南、湖北、江西等地区的导线覆冰尤为突出[44]。从区域划分来说，我国西南地区和华中地区总体上覆冰较为严重。

（一）东北地区

东北地区位于我国东北部，南临黄海、渤海，北接俄罗斯，东连朝鲜，西以大兴安岭脊线为界，在 38°43′~53°30′N 及 119°10′~135°20′E 之内，境内三面环山，包括大兴安岭、小兴安岭和长白山，中央为平原。

东北地处欧亚大陆东岸，地理纬度较高，受季风环流支配，属于温带大陆性季风气候。冬季，在大陆季风的控制之下，天气寒冷而干燥，降水稀少，偶有西风带低压槽过境，冷暖天气交替出现，气温日变化较大。长白山南段、大兴安岭南段东南坡、地处沿海的大连和营口地区，受暖湿气流影响，水汽相对充足，覆冰相对较重。

（二）华北地区

华北地区一般包括青海高原以东，阴山以南，秦岭-淮河一线以北的区域，在 32°~42°N 及 104°~120°E 之内。总体可分为三大地带：西部为黄土高原，中部是黄淮海三大河流的冲积平原，燕山至太行山的弧形山脉为高原和平原的分界线，东部是海拔低于 500m 的山东丘陵地区。

华北地区属暖温带气候，大部分为半湿润区，东部沿海为湿润区，黄土高原南部则是半干旱区。冬季，在西伯利亚高压控制之下，华北大部分区域盛行极地大陆气团或变性极地大陆气团，气候寒冷干燥，降水甚少。滨海地区气候则具有一定的海洋性特征。燕山至太行山脉一线处于黄土高原与华北平原的过渡区域，在冬春交替时节，大陆干冷气团与海洋暖湿气团在该区域交汇，易形成较严重覆冰；濒临渤海的沧州地区覆冰相对较重。

（三）华中地区

华中地区北起秦岭-淮河一线，南至南岭-武夷山一带，西起四川盆地和云贵高原东部，东至安徽和江西，在 25°~33°N 及 103°~117°E。该区域地势西高东低、南高北低。西部为秦巴山地和贵州高原，东部地势低平，属于长江中下游平原，南部为江南丘陵，其北部为两湖盆地。

华中地区属于副热带季风气候，常受冷暖气团交汇的影响，天气多变。冬季，西伯利亚高压势力强盛，本地区位于高压南部，常受冷锋活动影响，产生低温雨雪天气。冷暖气团常于南岭一带形成对峙，致使华中大部分区域处于南岭准静止锋的锋后区域，极易产生雨凇，形成严重覆冰现象。特别是秦岭、大巴山、大娄山、武陵山、雪峰山、罗霄山、南岭、武夷山等山区覆冰十分严重。

（四）华东地区

华东地区主要处于我国东部沿海，主要包括上海、山东、江苏、安徽、浙江、福建和台湾等地。华东地区地形以丘陵、盆地、平原为主，地势整体上北低南高。

华东地区属亚热带湿润性季风气候和温带季风气候，气候以淮河为分界线，淮河以北为温带季风气候，淮河以南为亚热带季风气候。冬季，当冷空气南下活动时，与海洋暖湿空气交汇，易在丘陵和山区形成较重覆冰，如山东泰山和东北部丘陵，浙江天目山、仙霞岭和括苍山，安徽大别山和皖南山区，福建西部和北部山区等。

（五）华南地区

华南地区位于欧亚大陆的东南沿岸，北有南岭与武夷山为屏障，西与云贵高原相接，东南濒临南海，主要包括广东、广西、海南、香港和澳门。该地区丘陵起伏，分布很广，东南丘陵横贯其北部，平原主要分布在沿海地带。

华南地区属南亚热带及热带湿热季风气候，冬季西伯利亚高压影响范围自北向南逐渐扩大，当冷高压势力较强时，其前缘冷锋可翻越南岭影响该区域，造成低温阴雨天气，可在广东西北部和广西北部的山地和丘陵区形成覆冰，两广南部、港澳地区和海南岛属于无冰区。

（六）西北地区

西北地区位于欧亚大陆的中心偏东部分，主要分布在黄土高原-黄河中上游以西，昆仑山-阿尔金山-祁连山-秦岭以北，国境线以东，国境线-蒙古高原以南，面积广阔、地形复杂、气候多样。

西北地区仅东南部少数地区为温带季风气候，其他大部分地区为温带大陆性气候和高寒气候，全地区终年盛行西风气流，高低气压系统活动频繁。冬季在西伯利亚冷高压控制下，除新疆北部以外，气候以干冷为主。本地区处于我国第二级高原上，由于青藏高原、黄土高原和大兴安岭的阻挡，西南和东南季风气流一般难以深入本地区。总体上本地区覆冰较轻，当南方暖湿气团很强劲时，在向西北推进的过程中，与当地干冷气团在突出山地交汇产生覆冰现象，可在黄土高原南坡、六盘山、子午岭和贺兰山等山区生成较重的导线覆冰。

（七）西南地区

西南地区西北接青藏高原，地势西北高东南低，地理上包括青藏高原东南部，四川盆地、云贵高原大部。区域地理位置为东经 97°21′～110°11′，北纬 21°08′～33°41′，主要包括四川、贵州、云南、西藏、重庆等五个省（区、市）。

本地区地形非常复杂，海拔跨度大，区域气候主要受水平地带性和垂直地带性的影响，气候复杂多样。全区域气候水平分布隶属于热带、亚热带季风山地气候和温带季风高原气候，垂直的气候分布则寒、温、热三带俱全。本地区大气环流相当复杂，冬半年影响本地区的气流有六种：盛行大陆西南季风、盛行大陆西北季风、盛行海洋西南季风、潜流大陆东北季风、潜流大陆东南季风和潜流海洋东南季风。冬季，本地区常受冷暖气团交汇的影响，当寒潮南下，配合南支槽带来强劲的西南暖湿气流，低、高层冷暖空气在西南地区交汇生成阴雨雪天气。特别是极地大陆气团和西南气流受云贵高原地形阻滞演变而形成云贵静止锋，给四川凉山州东北部、云南东北部和贵州大部分地区带来长时间的雨雪冰冻天气，使得上述地区覆冰发生的频次较高、量级较大。当冷空气势力强劲，翻越秦岭和大巴山或从青藏高原北缘南下侵入四川盆地时，将盆地内暖湿气流推向周边山体，受地形阻挡和抬升作用，易在盆周山地产生严重覆冰。

第二节　覆冰时间分布

一、覆冰发生时间

导线覆冰首先由气象条件决定，是水汽受温度、湿度、风以及冷暖空气对流等因素衍生出的一种综合物理现象。由于我国大部分地区只有在冬半年气温才会下降到 0℃ 及以下，从而达到覆冰生成的温度条件，所以我国覆冰发生的时间一般为冬半年，主要集中在 11 月至次年 3 月。

（一）雨凇出现时间

我国雨凇出现时间大致可分为四个地区和相应的四个时段，雨凇的初、终日的分布特点与冬季冷暖空气运动特性有关。

（1）贵州、四川、重庆、湖南、湖北、江西和河南等地。这些地区雨凇多发生在 12 月、1 月和 2 月，而在 3 月和 11 月只有个别年份才会出现雨凇，10 月和 4 月几乎没有雨凇出现。但高山例外，例如，峨眉山在 9 月和 5 月偶有雨凇出现。

（2）山东、江苏、浙江、安徽和福建等地。华东地区雨凇出现时间主要集中在 1～3 月，其他月份很少出现，同样是高山地区出现得早，结束得晚，例如，黄山为 10 月至次年 4 月，泰山为 11 月至次年 5 月。

（3）华北和西北地区。这两个地区雨凇出现的时间比较分散，甘肃、青海和新疆主要集中在 11 月至次年 4 月，处于季节更替的 11 月、12 月和 3 月、4 月出现频次较多，1 月和 2 月反而较少出现，甚至不出现雨凇。华北地区则是主要集中在 12 月至次年 3 月，但华山、五台山等高山区 9 月至次年 5 月都可能出现雨凇。

（4）东北地区。该地区一年有七个月可以出现雨凇，但不集中，可大致分为两个时段，一个时段是 10～12 月，另一个时段是 3 月、4 月，1 月和 2 月出现频次较少。

（二）雾凇出现时间

（1）秦岭-淮河一线以北地区。我国北方大部分区域，从 11 月至次年 3 月雾凇都可出现，但多集中在隆冬时节的 12 月至次年 2 月，这一点与雨凇正好相反。黑龙江北部地区从 9 月开始至次年 5 月都可能出现雾凇。

（2）秦岭-淮河一线以南地区。我国南方地区雾凇出现的时间和雨凇较为一致，基本上集中在 12 月至次年 2 月，但各月雾凇出现的频次要明显少于雨凇。对于高山地区，雾凇出现的时段则会延长，频次也会明显增加。

（3）青藏高原地区。青藏高原除了夏季 3 个月外都可能出现雾凇，例如，香扎、玛多等地 8 月就开始出现雾凇。甚至在个别地方，如五道梁全年各月都可能出现雾凇。

二、覆冰月际变化

我国大部分易覆冰区域覆冰主要分布在 11 月至次年 3 月，但不同地区各月覆冰出现的频次存在较大差异。根据我国主要易覆冰地区 1960～2007 年 11 月至次年 3 月的气象站冻结日数资料，统计得到多年平均冻结概率分布[45]，见图 12-1。

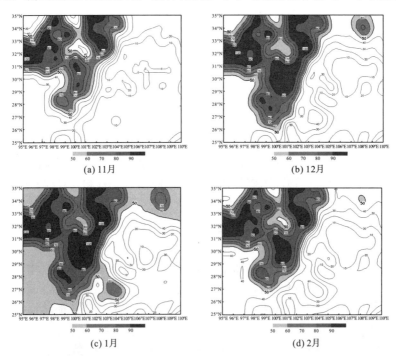

(a) 11月　　　　　　　　　(b) 12月

(c) 1月　　　　　　　　　(d) 2月

图 12-1　多年平均 11 月至次年 3 月冻结概率分布(%)（见彩版）

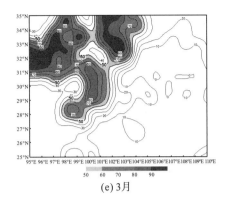

(e) 3月

图 12-1 续(见彩版)

由图 12-1 可知，总体来说，从 11 月至次年 1 月，月平均冻结概率大于 50% 的区域有自西北向东南扩展的趋势，1～3 月该区域范围又会逐步减小。11 月冻结概率大于 50% 的区域位于海拔 3000m 以上的青藏高原东部，除了巴颜喀拉山南麓冻结概率低于 50%；四川盆地及云贵高原等地区冻结概率为 0～10%。进入 12 月，青藏高原东部冻结概率大于 50% 的范围有所扩大，同时强度也有所增强，并在陕西南部太白山区达到了 50%～70%。1 月冻结概率高于 50% 的区域范围最大强度最强，并沿着横断山脉向南扩展，向东延伸至青藏高原北部，秦岭区域的大值中心冻结概率增大。2 月冻结概率大于 50% 的区域西退，范围较 1 月大幅减小。3 月冻结概率强度迅速减弱，巴颜喀拉山冻结概率低于 50%，秦岭山区冻结概率降至 20%。需要说明的是，冻结概率只是从冻结条件出发，反映覆冰发生的可能性，并不完全代表覆冰发生的概率。

根据我国主要易覆冰山区观冰站 2005～2010 年 12 月至次年 3 月的观测资料，统计得到各观测区域各月覆冰频次分布，见图 12-2。

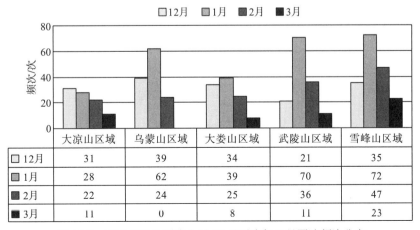

	大凉山区域	乌蒙山区域	大娄山区域	武陵山区域	雪峰山区域
□ 12月	31	39	34	21	35
1月	28	62	39	70	72
2月	22	24	25	36	47
■ 3月	11	0	8	11	23

图 12-2 我国主要易覆冰山区 12 月至次年 3 月覆冰频次分布

由图 12-2 可知，各区域覆冰过程集中发生在 12 月～2 月，3 月份频次很少，而在 12 月～2 月中 1 月的覆冰频次相对较多。各区域覆冰月际分布又存在差异，处于西南地区的大凉山、乌蒙山、大娄山区域覆冰过程主要集中在 12 月和 1 月，而处于华中地区的武陵山和雪峰山区域则是集中在 1 月和 2 月。

三、覆冰年际变化

同一个区域不同的年份覆冰亦存在较大差异，根据我国主要易覆冰地区气象站 1960～2007 年 11 月至次年 3 月的气象站冻结日数资料，统计得到平均冻结日数年际变化图[45]，见图 12-3。

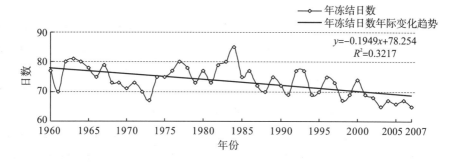

图 12-3　冻结日数年际变化图

由图 12-3 可知，从 1960～2007 年，年平均冻结日数整体呈减少趋势，造成这一趋势的原因是全球气候变暖，温度上升，使得冻结日数减少。用 M-K 方法分析冻结日数得知，2001 年是西南地区的冻结日数突变开始的时间。需要说明的是，冻结日数与覆冰频次存在相关性，但并不完全反映覆冰频次变化。

采用覆冰综合评估指数，根据我国主要易覆冰地区 1960～2009 年平均覆冰状况[45]，分析绘制以年代为时间尺度的覆冰强度风险分布图，如图 12-4 所示。

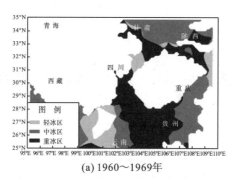

(a) 1960～1969 年

图 12-4　地区覆冰强度风险分布图（见彩版）

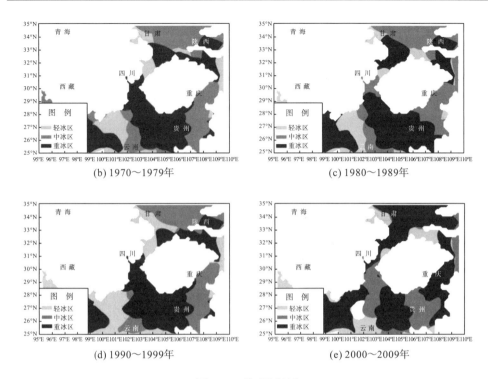

(b) 1970～1979年　　　　　　　　(c) 1980～1989年

(d) 1990～1999年　　　　　　　　(e) 2000～2009年

图 12-4　续（见彩版）

　　从图 12-4 可以看出，我国主要易覆冰地区海拔 800～3500m 的大部分区域是稳定的易形成覆冰区域，冰区分布年代际变化尤为突出。西南地区有三个稳定的重冰区，分别位于四川盆地北缘山地与甘肃、陕西交界地区、云贵高原北部云、贵、川交界地区以及云南西北部，其中云、贵、川交界重冰区的分布形势在 20世纪 60 年代和 70 年代几乎无变化，到了 80 年代，该冰区西北部的二郎山、峨眉山地区覆冰严重程度有所缓解，但该冰区西侧在贵州向东延伸，面积有所增大。云南西北部的另一重冰区面积逐年代增大，到了 2000 年以后，面积向北延伸至四川境内。对于中冰区也有三个较稳定的区域，分别是甘肃南部、云南中南部，以及贵州北部与重庆交界的湄潭、酉阳一带。甘肃南部以及贵州北部与重庆交界的这两个中冰区最为稳定，但在 2000 年以后，这两个地区的覆冰等级增强，由中覆冰转重覆冰，同时成为重冰区。西南地区以四川盆地为中心的四周山地均是易形成覆冰的区域，其中盆地西南边缘为较稳定的重冰区，盆地北部大巴山南侧也是稳定的重冰区。2000 年以后西南地区重冰区的面积最大，覆冰最为严重。从上述地区覆冰强度的年代变化可以看出，由于全球气候发生变化，不同区域的覆冰分布与强度也可能发生相应变化。

第三节 覆冰地形分布

一、覆冰与地形

覆冰是大气环流、中小尺度天气系统与地形共同作用而形成的一种天气现象，因此在特定的地理区域内，覆冰性质、量级、分布等特征与区域内的地形有着密切的关系。

影响覆冰的地形要素主要有地势、山脉走向、山体结构、海拔、江湖水体分布与微地形等。地形对覆冰的影响分为几个不同的层次，各层次具有不同的机理和规律。

地势影响形成覆冰的气候带分布特征，海陆分布与陆地起伏大势决定了成冰气候带的地理位置。大地形山脉或连续山岭一般是各种地势的分界线，由于地势直接影响气候变化，山脉通常是不同气候区的分水岭，而在成冰气候带内，山体结构与海拔的影响结果使得一些地方覆冰频次较高、量级较大，另一些地方则覆冰频次较低，量级较小，从而形成覆冰的区域性差异。在同一区域内，小地形对覆冰强度的影响包括山体高度、坡向、坡度以及微地形情况等。

覆冰量级与微地形微气候也密切相关。在气流的运动过程中，地形的起伏变化导致了气流的分流、扩散与集中。因而，微地形的差别导致了山区(即使在相同海拔条件下)覆冰分布的局地性差异。

二、大地形分布特征

(一)地势

我国地势高低起伏的特点是西高东低，呈阶梯状分布，大致分为三级阶梯。

(1)第一级阶梯：我国西南部，地形以高原为主，平均海拔 4000m 以上，该区域地势高、日照时间长、辐射强烈，冬季气候干冷，暖湿气流难以深入，因此总体覆冰较轻，且覆冰持续时长很短。

(2)第二级阶梯：第一级阶梯以东，地形以高原和盆地为主，平均海拔 1000～2000m，第一、二级阶梯分界线为祁连山-昆仑山-横断山。该区域冬季气温常降至 0℃以下而且水汽较为充沛，在适当天气条件下即可产生覆冰。特别是秦岭-南岭之间，由于冷暖气团交汇活动频繁，加之地形对覆冰气流的抬升作用，形成一个成冰气候带，该气候带内的高原和山地区域覆冰频次较高，量级较大。

(3)第三级阶梯：我国东部，地形以平原和丘陵为主，海拔多在 500m 以下。

第二、三级阶梯分界线为大兴安岭-太行山-巫山-雪峰山。该区域内，南岭-武夷山一线以北由于冬季气温可降至 0℃以下，加之南岭静止锋的活动影响，燕山以南的山地和丘陵地区属于易覆冰区域，尤其是第二、三级阶梯的过渡山区和两湖盆地的周边山地覆冰强度较大。南岭-武夷山一线以南地区，由于冬季气温难以降至0℃以下，覆冰较轻或无覆冰现象。

（二）地形

地形包括山地、平原、高原、盆地和丘陵五种基本类型，地形对覆冰有重要影响，不同地形上的覆冰具有不同的分布特点。

（1）山地。覆冰一般出现在山地，山地地形起伏多变，覆冰随之变化复杂。大的山脉阻挡了来自海洋的水汽云团，它们大多成为气候分界线，如大兴安岭、太行山、贺兰山、六盘山、邛崃山、雪峰山、南岭等，都不同程度地存在覆冰现象。特别是位于成冰气候带内的山地，如大巴山、大别山、武陵山、夹金山、大凉山、乌蒙山、大娄山、雪峰山等，属于易覆冰地区且覆冰强度较大。

（2）平原。我国有四大平原，包括东北平原、华北平原、长江中下游平原和关中平原。平原地区由于地势平坦、冬季气候温和，总体上覆冰轻微。东北平原、华北平原和关中平原冬季南方暖湿气流难以深入，不易形成覆冰，仅在平原与山地过渡区域会有轻度覆冰；长江中下游平原冬季冷暖气团交汇活动频繁，湖南、湖北、江西和安徽等省局部区域易产生冻雨天气，生成导线覆冰，特别是洞庭湖、鄱阳湖邻近区域，受大水体影响，覆冰相对较重。

（3）高原。我国有四大高原，包括青藏高原、云贵高原、黄土高原和内蒙古高原。青藏高原处于我国第一级阶梯，地势高耸，冬季气候干冷、太阳辐射强烈，总体覆冰轻微；云贵高原处于我国第二级阶梯西南部，地势西北高、东南低，冬季冷空气易侵入高原中、东部，并与西南暖湿气流交汇，在地形抬升作用下形成覆冰，高原中部、东部以及与第三级阶梯的交界地区覆冰较为严重，且出现频次高。黄土高原处于气候分界带，高原东南侧气候相对湿润，西北侧则相对干燥，因此黄土高原东南部，特别是与华北平原、关中平原的过渡区域易于覆冰，局地可形成严重覆冰；而其西北部水汽难以深入，覆冰轻微。内蒙古高原西部深居内陆，冬季气候干燥，不易形成覆冰；高原东部与东北平原、华北平原的过渡区域，可形成覆冰，总体不严重。

（4）盆地。我国有四大盆地，包括塔里木盆地、准噶尔盆地、柴达木盆地和四川盆地。塔里木盆地、准噶尔盆地和柴达木盆地均位于我国西北部，深居内陆，加之地形阻挡，暖湿气流难以到达盆地，冬季气候干燥，不能形成覆冰。四川盆地处于我国西南部，四周被山体环绕，冷空气不易侵入，冬季气候温和，不易形成覆冰，但是盆地与周围高原和山地的过渡区域则易于覆冰，一般海拔越高覆冰越严重。

（5）丘陵。我国有三大丘陵，包括辽东丘陵、山东丘陵和东南丘陵。我国丘陵地形主要集中在第三级阶梯，距离海洋较近，冷暖气流常于丘陵区域交汇对峙，如华南静止锋，多雨雪冰冻天气，大多属于易覆冰区域，尤其是山东丘陵的泰山区域，东南丘陵内两湖平原周边丘陵区域(包括幕阜山、九岭山、庐山、武夷山、大别山等)、两广丘陵北部，以及浙闽丘陵西北部覆冰较为严重。

三、微地形分布特征

(一)微地形分类

微地形是大地形中的一个局部狭小而又特殊的地形范围。由于微地形对局地气候的影响，所以同一山体不同部位的覆冰存在较大差异，且显著区别于一般地形。山区中风的运动显著影响云雾、气温、水汽含量等气象要素的分布，从而影响山区中覆冰的分布。从山地微地形所处位置以及风场特性可以将微地形分为风口或风道、迎风坡、山岭、背风坡、山麓及山间平坝。

一般情况下，山区有着明显区别于盆地、平原、丘陵等其他地形的气候特点，其水平和垂直气候差异明显，当大尺度天气系统主导作用加强时，小尺度局地气候配合微地形条件，在一定程度上加剧了气象要素的变化，从而显著影响覆冰的发生、发展和保持。导线覆冰在不同的微地形与局地气候条件下，其量级与性质有明显差异。山区导线覆冰特点则是微地形与微气候共同作用的结果，微地形区域也是输电线路冰害多发区。因此，在输电线路勘测设计中人们更为关注微地形对导线覆冰的增大影响，从输电线路所处位置以及微地形对导线覆冰的增大效应，可将微地形分为垭口型、高山分水岭型、水汽增大型、地形抬升型和峡谷风道型5种类型。

(二)覆冰特征

一般情况下，易覆冰微地形区域覆冰量级从大到小的分布次序应是风口或风道、迎风坡、山岭、一般地形、背风坡、山麓、山间平坝。

易覆冰地区的风口或风道覆冰严重，风口或风道地形应具有风速流畅、风速特别偏大的风特性。风口收缩的程度越大，风速越大，覆冰越重。例如，我国西南山区的二郎山、泥巴山、黄茅埂垭口地形的覆冰频次高，量级大，实测最大标准冰厚达40～100mm，是两侧一般地形的2～3倍。

易覆冰地区的迎风坡覆冰较重，是山岭(脊)迎风方向气流能受到一定程度集中的坡地。迎风坡地形应具有风速流畅、风速偏大的风特性。雪峰山北侧迎风坡覆冰量级大，明显大于附近一般地形和背风坡，2005年2月中旬湖南电网发生冰灾时，位于雪峰山迎风坡的宜阳、桃江的输电线路因覆冰受损严重。

易覆冰地区的山岭(脊)覆冰较重，山岭地形应具有风速流畅、风速偏大的风特性，覆冰气流到达山岭前被迫抬升并在山岭处集中流过，气流越集中，风速越大，覆冰越重。例如，五台山山岭覆冰较重，位于海拔 2900m 的中台顶高山气象站实测最大标准冰厚达 20～30mm，位于海拔 2200m 的木鱼山站实测最大标准冰厚则为 15～20mm。

背风坡覆冰相对较轻，是山岭(脊)背风方向气流能受到一定程度扩散的坡地，风速受到地形不同程度的屏蔽影响，背风坡地形风速不大或偏小。根据西南院公司在西南地区设立的观冰站的实测资料分析，一般地形覆冰是背风坡的 1～2 倍。

山麓地形处于山岭或山体与山间平坝的相连地带，风速受到地形不同程度的屏蔽影响。山麓地形风速不大或偏小，空气流畅性较差，覆冰相对较轻。

山间平坝地形，位于山地中的洼地或盆地，周围存在较高的山地，相对高差较大，风速受到地形不同程度的屏蔽影响。山间平坝地形风速小，空气流畅性较差，覆冰相对较轻。

对输电线路覆冰影响较大的 5 种微地形类型特征与覆冰情况[46, 47]见表 12-2。

表 12-2 对输电线路覆冰影响较大的 5 种微地形类型特征与覆冰情况

类型	示意图	地形特征	覆冰情况
垭口型		垭口地形两侧有较高的山岭，气流受两侧山岭阻挡，部分或较大部分气流不是爬升后越过山岭或山脊，而是集中从这个风口通道流过	当垭口所处位置地势突出，气流集中通过，线路对水汽粒子的捕获率较高，在一定气象条件下可形成严重覆冰，覆冰频次和量级明显大于其他地形
高山分水岭型		长条形或带状连续的山体，与覆冰期主导风向垂直或有较大角度，气流到达山体不能从山体两侧绕流通过，而是被山岭前的坡地抬升并在山岭或山脊处集中流过	高山分水岭周围空旷，气流加速通过，尤其在山顶及迎风坡侧，含有过冷却水滴的气团在风力作用下，沿山坡强制爬升，使得水汽通量明显增大，导致线路上覆冰加重
水汽增大型		输电线路邻近大型水体，包括江河、湖泊、水库等，水体相对线路处于覆冰气流的上风向	大型水体能改变局地小气候，冬季会提高邻近区域的水汽含量，当寒潮入侵，气温下降至 0℃ 以下时，空气湿度增大，更易于覆冰，相对不受水体影响的同样地形覆冰更为严重
地形抬升型		平原或丘陵中拔地而起的突峰或盆地中一侧较低、另一侧较高的台地及陡崖，多处于平原或盆地与山地的交汇地带，地形起伏变化大	因成冰气候带内盆地或平原水汽充足，湿度较大的冷空气容易沿山坡急剧抬升，在顶部或台地上形成云雾，当冬季寒潮入侵时，容易出现严重覆冰
峡谷风道型		两列走向近乎平行的连续山岭，之间为深切河谷，覆冰期主导风向与河谷走向大致相同，输电线路在两岸高地横跨峡谷	峡谷风道受狭管效应影响，风速显著增大，当冬季水汽充足，寒潮入侵气温下降时，易于在峡谷两岸山坡或山顶形成较重覆冰

第十三章　冰 区 划 分

输电线路冰区划分是反映路径沿线设计冰厚的水平性分布与垂直性分布，是输电线路避冰优化与抗冰设计的重要基础。冰区划分是在覆冰观测、覆冰调查、现场踏勘、覆冰计算和气象分析的基础上，为架空输电线路工程提供的一项综合分析成果。

第一节　冰区划分原则与依据

冰区划分是易覆冰地区架空输电线路设计中最重要的气象条件。覆冰资料的选择方法与分析计算成果的应用方法对冰区划分有重要影响，因此统一和规范冰区划分原则与依据是必要的。

一、冰区划分原则

根据《电力工程气象勘测技术规程》(DL/T 5158—2012)[27]，冰区划分要真实反映自然覆冰条件，把同一气候区内海拔相当、地形类似、线路走向大体一致、覆冰特性参数基本相等、设计冰厚计算结果相近的区段概化归纳为一个冰区。冰区划分要便于线路抗冰设计使用，既要考虑微地形、微气候对覆冰的影响，又要尽量避免冰区划分过于零碎。

冰区划分需要对地形和气候特点进行深入细致的踏勘与考察，注意判别微地形重冰区与轻冰区，对于风口、山岭与迎风坡等地段，应十分慎重，其覆冰一般较其他地形严重，输电线路容易发生冰害事故，应在分析计算值的基础上考虑必要的安全修正值，适当提高冰区量级；对于背风坡、山间盆地(谷地)等地段，一般覆冰相对较轻，应适当降低冰区量级。

(一)冰厚的计算标准

设计冰厚的计算是冰区划分的一个重要基础环节，在有覆冰资料的地区，应计算其标准冰厚和设计冰厚。标准冰厚是将不同密度、不同形状的覆冰厚度统一

换算为密度为 $0.9g/cm^3$ 的均匀裹覆在导线周围的覆冰厚度；设计冰厚是工程设计标准所要求的离地 10m 高的标准冰厚。

(二)重现期标准

输电线路设计冰厚应采用以下重现期标准：110～330kV 输电线路为 30 年一遇，500～750kV、±400～±660kV 输电线路为 50 年一遇，1000kV、±800～±1100kV 输电线路为 100 年一遇。

(三)冰区分类与分级

冰区一般分为三类：轻冰区、中冰区和重冰区。设计冰区的划分应分级归并取值。设计冰厚小于 20mm，级差应为 5mm；设计冰厚大于 20mm，级差应为 10mm。设计冰区的分级归并标准参见表 13-1。

表 13-1　设计冰区的分级归并标准

序号	设计冰厚 B/mm	归并的设计冰区/mm
1	$0<B≤5$	5
2	$5<B≤10$	10
3	$10<B≤15$	15
4	$15<B≤25$	20
5	$25<B≤35$	30
6	$35<B≤45$	40
7	$45<B≤55$	50
8	$55<B≤65$	60
9	$65<B≤75$	70
10	$75<B≤85$	80

根据我国易覆冰地区大量已建输电线路的抗冰运行经验，按 20mm 及以上覆冰等级重冰区设计的输电线路，均表现出可靠的抗冰能力，说明按重冰规范设计的输电线路具有安全、可靠抗冰的裕度。因此，在冰区量级大于 20mm 的重冰区的设计冰区归并采用 5 舍 6 入的规则。对于大于 80mm 的冰区，也按本原则进行归并。

二、冰区划分依据

输电线路工程冰区划分的依据主要有：

(1)区域覆冰成因与覆冰强度分区结果，主要包括形成覆冰天气的冷暖气流的来源、移动路径、影响范围及程度、覆冰性质等。

(2)影响覆冰的气象条件分析结果，主要包括典型覆冰天气过程相应的气温、相对湿度、降水、日照时数、风速、过程持续时长。

(3)沿路径通道各调查点设计冰厚的分析计算结果,主要包括调查分析的设计冰厚、相应的地形单元类别、海拔,以及与需要划分冰区的路径通道的相对位置关系。

(4)区域气象站、观冰站(点)覆冰分析计算结果,主要包括计算分析的设计冰厚、相应的地形单元类别、海拔,以及与需要划分冰区的路径通道的相对位置关系。

(5)沿路径通道地形单元分类及相应海拔。

(6)沿路径通道相邻区域已建输电线路设计冰区及运行资料,对于正常运行的输电线路,主要包括大于 10mm 冰区的各级冰区的分布范围、相应的地形单元类别、海拔,以及与需要划分冰区的路径通道的相对位置关系;对于冰害线路,主要包括原采用的设计冰厚、线路受害时的覆冰资料、相应的地形单元类别、海拔,以及与需要划分冰区的路径通道的相对位置关系,线路受害时的覆冰资料还应包括依据实测和目测资料分析计算的标准冰厚、结构分析反推的标准冰厚及线路改造时选择的设计冰厚。

(7)邻近地区冰雪灾害记录或报告,主要包括历史严重覆冰气象灾害发生的年份、灾害地域、覆冰量级及相应的地形单元类别、海拔,以及与需要划分冰区的路径通道的相对位置关系。

第二节　冰区划分工作深度

架空输电线路工程不同勘测设计阶段的冰区划分深度要求有所差异,冰区划分工作应随着设计阶段的推进而逐步深入和细化,最终提出科学合理、安全可靠的冰区划分成果,本节根据相关标准和规程[48, 49]简要介绍冰区划分在各个设计阶段的工作深度。

一、路径规划阶段

收集整理规划走廊区域的覆冰资料、已建输电线的冰区划分与运行成果及区域的冰灾记录,评估规划走廊的覆冰严重程度,根据评估结果提出规划阶段的冰区划分成果,提出是否需要建立观冰站观测和开展冰区专题论证。

二、可行性研究阶段

(一)搜资调研

根据比选路径方案,搜集各路径方案区域内气象站、观冰站的覆冰和气象资料，以及站址变化情况、观测情况、观测场地形地貌特征；搜集已建输电线路的设计冰区及运行情况、输电线路冰灾事故情况及输电线路改造的相关资料；搜集气象、通信、交通、农林等部门的冰灾记录资料；还需搜集工程区域的覆冰研究成果和专题报告。

（二）覆冰查勘

对可能存在覆冰的地段进行实地踏勘与覆冰情况调查核实；对重冰区进行专项踏勘与调查，查明微地形微气候重冰区段，落实覆冰量级与分布特点。

（三）分析计算

运用搜集的路径区域覆冰及气象资料、踏勘调查资料，分析估算各比选路径方案的设计冰厚，进行冰区初步划分，满足路径方案比较和技术经济分析要求。

（四）冰区论证

当资料缺乏且覆冰分布复杂时，设计冰厚等于或大于 20mm 的输电线路工程，应结合覆冰观测和专项查勘进行冰区论证，并编制设计冰区分析论证专题报告。分析论证专题报告主要内容应包括：路径概况、区域覆冰成因、区域覆冰分布特点、覆冰观测、覆冰调查、已建输电线路冰害、设计冰区初步划分、输电线路路径与冰区划分图、输电线路推荐路径高程与冰区划分图等。

输电线路路径与冰区划分图主要包括：路径拐点编号、观测资料计算冰厚、调查资料计算冰厚、平行已建输电线路的设计冰厚、冰害线路及其改造前后的设计冰厚、勘测冰区划分等。

输电线路推荐路径高程与冰区划分图主要包括：路径剖面、路径拐点编号、冰区等级、观测或调查冰厚、冰害线路冰厚、海拔、地形类别等。

三、初步设计阶段

（一）资料搜集

根据路径方案，在可行性研究阶段搜资的基础上，补充搜集推荐路径方案走廊区域的各项覆冰及气象、地形资料，重点对路径方案调整变化区段进行复核搜资。

（二）覆冰查勘

在可行性研究阶段现场查勘的基础上，对线路中、重冰区进行全面复查，对推荐路径通道的风口、迎风坡、突出山脊(岭)等微地形、微气候区的覆冰分布特点进行深入查勘，确定微地形、微气候区的长度与覆冰量级。

(三)冰区复核论证

应用路径区域实测覆冰资料、沿线搜集覆冰及气象资料与踏勘调查资料,可选用调查法或频率统计法分析计算输电线路标准重现期、离地 10m 高的最大标准冰厚,并应经分析论证和优化后推荐可供设计使用的冰区。必要时编制设计冰区分析与优化论证专题报告。

四、施工图设计阶段

在初步设计工作的基础上,对全线输电线路冰区进行实地踏勘,复核对覆冰有影响的微地形区段及地形类别,优化冰区划分成果。对确定为中、重冰区的区段以及确定为风口或风道、迎风坡、山岭等严重覆冰的区段,应逐档输电线路进行现场踏勘,复核地形类别、冰区量级及划分位置,提出合理、可靠的冰区量级与不同冰区的分界塔位,并根据微地形特征提出应加强抗冰设计的塔位。必要时编制设计冰区分析与优化论证专题报告。

第三节 冰区划分步骤

架空输电线路工程经过各设计阶段现场查勘工作后,将获得大量的覆冰参考资料,运用科学合理的计算方法,对这些资料进行计算与分析,从而实现输电线路工程的冰区划分,本节主要介绍冰区划分的常规方法与步骤。

一、应用资料处理

冰区划分应用的基础资料主要包括:观冰站观测资料、气象站观测资料、区域气候资料、输电线路在线实测资料、覆冰踏勘调查资料、冰区图资料、工程运行资料、区域冰害资料、数字地形图资料等。

首先,应对覆冰资料进行可靠性、一致性、代表性的审查,并做出实用性评价,筛选出满足冰区划分计算要求的基础数据。其次,整理分析区域气候与冰害资料,划分路径区域的地理气候分区;整理计算覆冰观测与调查资料,按地理气候分区、归类整理与统计说明。

二、区域覆冰特性分析

运用获取的覆冰与气候资料分析输电线路工程区域的覆冰气候背景与时空分

布特点、覆冰性质等，对路径方案进行覆冰特性分区。

（一）覆冰气候与天气系统分析

覆冰气候与天气系统分析包括：统计输电线路工程区域历史不同类型寒潮路径、影响范围、持续时间，以及形成覆冰的冷暖空气和水汽的主要发源地、输送通道、到达位置及影响范围；云雾、降雪、凝结的时空分布特点；覆冰气象要素的平均状况与极端状况和覆冰时的气象要素配置；典型和罕见冰雪灾害天气的成因。根据气候变化趋势分析区域覆冰的变化特点。

（二）覆冰地形分析

覆冰一般出现在山地，山地地形起伏多变，覆冰随之变化，地形对覆冰的影响决定了覆冰量级。将覆冰天气系统的分析结果与输电线路通道大地形位置、输电线路与山脉(岭)走向关系相结合，判断区域覆冰期的主导风向，确定迎风坡和背风坡及其覆冰分布情况。判断风口、连续山岭、独立山体、山麓、山腰、山顶、河谷、山间平坝、山间盆地等地形的覆冰空间分布差异，确定对覆冰有重大影响的微地形、微气候区，并说明覆冰分布范围、覆冰高程、覆冰性质及覆冰量级。

（三）覆冰性质分析

根据覆冰观测、调查资料，分析输电线路工程区域的覆冰性质，如种类、密度、时程、频次和极值等。

（四）其他影响因素分析

根据路径方案、区域影像图和现场踏勘情况，分析植被、水体和人类活动等与区域覆冰的关系，主要包括以下内容：

(1)根据线路区域的森林覆盖率、植被发育的疏密状态、树木种类的海拔分布情况以及树木变形受损情况等，推断区域内冬季是否存在覆冰现象、覆冰的轻重程度、山体阳坡与阴坡的覆冰差异情况。

(2)当输电线路工程途经大型水体附近时，判断水体与输电线路工程的相对位置关系，并尽可能多地获取附近的调查信息，判断水体对区域覆冰的影响程度。

(3)根据区域水利设施兴建、林木采伐、退田还湖等人类活动开展情况，判断其可能导致的气候与环境变化，以及对附近拟建输电线路通道覆冰的影响。

（五）覆冰特征分区

经过分析输电线路工程路径方案区域的覆冰特性，将路径方案按地理气候和覆冰特性进行初步的分区，为方便记录，可在路径图中进行标识。一般而言，易覆冰区域地形覆冰量级从大到小的分布次序应是风口或风道、迎风坡、山岭、一般地形、背风坡、山麓、山间平坝。易覆冰区域的类似气候区，其区域气候环境基本一致，形成覆冰的大气环流及天气系统一致，气温、湿度、降水及风速等均符合成冰条件，成冰气象要素数值相差不大于 10%。

[例 13-1]　输电线路通道覆冰特性分区。

汇总某 500kV 输电线路工程区域的覆冰天气、覆冰性质、地形分类、地理环境分析结果，可对其进行覆冰特性分区。

(1)A-B 区段为平坝与丘陵，冬季气温较高，不易覆冰。

(2)B-C 区段为山体半腰，有覆冰现象，覆冰期间风向为东北向，属于迎风坡，最长覆冰持续时长为 5～7 天，调查覆冰以雾凇为主。

(3)C-D 区段为突出暴露的山顶，冬季气温低，风速较大，覆冰期间风向偏北，覆冰频次较高，最长覆冰持续时长为 7～10 天，调查覆冰以雨雾凇混合冻结为主，覆冰较严重。

(4)D-E 区段为垭口地形，路径方案沿垭口"马鞍"形的两个突出山包走线，且与覆冰期主导风向趋于垂直，此处垭口风速大，覆冰期气流移动方向主要为东北-西南，覆冰过程频繁，雨雾凇混合冻结，最长持续时长为 10～13 天，可确定该地为明显的微地形、微气候区，覆冰非常严重。

三、设计冰厚计算

运用第十一章的方法对整编的覆冰基础数据进行计算，获得各覆冰特性分区的不同地形与海拔区间的设计冰厚值，并编写计算分析说明书，注明密度、形状系数、重现期换算系数、高度换算系数、线径换算系数、地形换算系数、线路走向换算系数等的取值。当覆冰基础资料为长序列观测资料时，应根据资料观测年限选取相适应的覆冰概率分布模型，通过频率计算得到设计冰厚的计算成果。可将设计冰厚值的计算结果标识在路径图中。

四、成果移用与类比

当输电线路工程路径方案途经无资料地区时，应分析邻近观冰站(点)、气象站、调查点等地的地理气候特点，当覆冰的气候与地形条件对输电线路走廊区域具有较好的代表性时，其数据与分析统计的结果可移用到相邻的路径区域。

对于途经无资料地区的拟建输电线路，通过地理环境、气候特性和地形条件的综合类比。当邻近区域有已建输电线路的相应条件与之相似时，可参考借鉴其设计运行资料。

五、设计冰区划分

根据覆冰特性分区与设计冰厚分析计算结果,结合输电线路工程沿线的地形、气候和环境特点,在路径图上按工程设计要求将输电线路拟选通道进行设计冰区的分级归并取值。同一冰区的气候与地形应类似,线路走向应大体一致,设计冰区取值与分析计算值相差应小于 5mm。

对于易覆冰区域的类似地形区,大地形相同,地形单元类别相同,一般情况下,海拔相差不大于 200m,地形起伏相对高差不大于 50m。

覆冰受地形影响,存在地区的相似性和差异性特点,在划分的同一量级冰区内,要注意既要考虑覆冰量级随地形的差异,也要考虑在覆冰量级基本相近的前提下,尽量避免分区过于零碎,以利于工程的设计、施工与运行维护。

[例 13-2] 输电线路工程冰区划分。

根据区域覆冰特性分析与设计冰厚的计算成果为某 500kV 输电线路工程划分冰区,见表 13-2。

表 13-2 10m 高 50 年一遇设计冰区划分成果

区段	地形	海拔/m	覆冰频次	最长覆冰持续时长/天	覆冰种类	设计冰厚计算值/mm	设计冰区
A-B	低山丘陵	500~1100	不易覆冰	—	—	0~7	10
B-C	山腰	1100~1600	偶有覆冰	5~7	雾凇	10~14	15
C-D	山顶	1600~2000	覆冰较频繁	7~10	雨雾凇混合冻结	18~21	20
D-E	垭口	2000~1850~2000	覆冰频繁	10~13	雨雾凇混合冻结	24~28	30

六、冰区加强与调整

(一)冰区加强

由于冰区划分是对覆冰大小相近的区段采取的概化归并处理,所以难免会出现同一冰区内个别特殊地点覆冰量级超过分级标准的情况。当某一区段存在明显的微地形点时,应遵循既要考虑微地形、微气候对覆冰的影响,又要尽量避免冰区划分过于零碎的原则,合理划定冰区量级,并提出对微地形点的塔位加强抗冰建议。

[例 13-3]　输电线路加强抗冰塔位的确定。

某 500kV 输电线路工程某区段 15mm/20mm 的冰区分界结果如图 13-1 所示，调查点 1、2、3 的设计冰厚计算值分别为 18mm、23mm、17mm。调查点 2 位于概化冰区 20mm 的区段内，其设计冰厚计算值大于 20mm，并且处于突出的山顶地形，应对该点塔位提出抗冰加强建议。

图 13-1　输电线路抗冰加强示例图（见彩版）

（二）冰区调整

在拟建输电线路勘测设计的过程中，若路径区域出现严重覆冰，邻近已建输电线路出现冰灾事故，应及时前往现场进行冰区划分复核，分析比较拟建输电线路工程与冰害线路之间的相对位置关系、气候地形差异、冰区划分差异等。若两者路径走向大体一致、海拔相当、气候地形类似，则应依据冰害线路的运行经验、设计冰厚取值和实际覆冰情况，并结合路径区域覆冰复查情况，对拟建输电线路冰区划分进一步分析论证，必要时对已有冰区划分成果进行相应调整。

对于已建输电线路工程，在实际运行过程中若出现冰害事故，同样需要对其冰区划分进行现场复核，根据冰害时导线覆冰情况、区域覆冰复查情况，对事故段冰区划分进行复核论证，必要时调整冰区划分并进行抗冰改造。

[例 13-4]　输电线路冰区调整。

某已建 500kV 输电线路（位于左侧的输电线路 A）原 15mm/20mm 冰区分界点位于 A40，某年冬季 A39 至 A40 发生子导线断股的冰害事故，A39 按 20mm 冰区进行抗冰改造设计。

某新建 500kV 输电线路工程（位于右侧的输电线路 B）与输电线路 A 的通道走

向一致，相距约 100m，海拔相当，两地在同一气候区内，如图 13-2 所示。2400m 以下区域的设计冰厚计算值小于 20mm，依据此计算结果原以 B15 为 15mm/20mm 的分界塔。依据已建输电线路 A 冰害时覆冰情况和该区段覆冰复查情况，将 20mm 冰区进行适当调整，即 15mm/20mm 的冰区分界点应由 B15 变更为 B14，以确保新建输电线路的安全运行。

图 13-2　输电线路冰区调整示例图（见彩版）

七、成果合理性检查

在冰区初步划定后，应进行区域冰区划分的合理性检查及协调修正，冰区划分合理性检查的依据应是对覆冰有重要影响的气象要素及地形要素[26]。

（一）气象要素检查

对覆冰有重要影响的气象要素主要包括：气温、湿度、风速及风向、日照时数、具备覆冰气象条件的持续时间、准静止锋及逆温层。在易覆冰区域，在其他覆冰气象要素不变条件下，下列气象要素条件应有利于覆冰重量增长：

(1)气温在-4.0～-0.5℃，覆冰重量应大于其他气温的覆冰重量。

(2)相对湿度在 95%～100%，覆冰重量应大于其他相对湿度的覆冰重量。

(3)风速在 0.3～3.0m/s，覆冰重量应大于其他风速的覆冰重量。

(4)日照时数小于 2h，覆冰重量应大于日照时数大于 2h 的覆冰重量。

(5)具备覆冰的气象条件的持续时间越长，覆冰重量应越大。

(6)准静止锋持续时间越长，覆冰重量应越大。

(7)在逆温层范围内覆冰重量应更大。

(二)地形要素检查

对覆冰有重要影响的地形要素主要包括：最大覆冰海拔、风口或风道，迎风坡、山岭或山脊、一般地形、背风坡、山间平坝。覆冰重量随海拔和地形的变化应具有下列特点：

(1)在同一覆冰过程中的最大覆冰海拔线以下易覆冰区域，同一相似地形区中海拔越高覆冰应越大；在最大覆冰海拔线以上的覆冰区域，同一相似地形区中海拔越高覆冰应越小。

(2)在易覆冰区域，在同一覆冰气候区内的同一覆冰过程中，不同地形的覆冰量级从大到小的排序应符合客观规律。同一山脉或山岭风口的覆冰量级应大于迎风坡及山岭的覆冰量级，迎风坡的覆冰量级应大于背风坡的覆冰量级。

此外，对于易覆冰区域，同一覆冰过程中受准静止锋影响地区的覆冰量级应大于不受准静止锋影响地区的覆冰量级；覆冰气流移动路径前段区域的覆冰量级应大于其后段区域的覆冰量级；地形类似且海拔相近的地带，在一定风速范围内，风速大的地方的覆冰量级应大于风速小的地方的覆冰量级。

第四节　数字冰区划分技术

目前，架空输电线路的冰区划分主要是由人工整合相关信息完成的。对于资料缺乏且不具备调查条件的偏远地区的重覆冰区域，通过传统方法解决资料短缺重冰区输电线路冰区划分问题较为困难。因此，采用新的技术手段来探索局部区域覆冰空间分布十分必要[50]。

一、方法简介

数字冰区划分主要有以下三种途经：

(1)整合区域内覆冰实测、调查资料和地形数据，通过空间插值得到区域的冰区划分结果。

(2)基于覆冰增长机理和观测试验数据，建立覆冰数学模型，模拟得到工程区域覆冰等级。

(3)利用区域内大量覆冰和气象实测资料以及数字高程数据，建立覆冰重量与气象或地形因子的数学关系，与地理信息平台相结合计算生产区域覆冰空间分布。

二、基础资料

数字冰区划分需要大量的可靠资料作为基础,主要包括下列内容。

1. 区域覆冰气候资料

区域覆冰气候资料主要包括冬季区域气候资料和再分析资料。高分辨率再分析环流资料有两类:一类为欧洲中期数值预报中心提供的 ERA 资料,资料年限超过 40 年;另一类为美国环境预报中心(National Centers for Environmental Prediction,NCEP)和国家大气研究中心(National Centers for Atmospheric Research,NCAR)日平均再分析资料集(NCEP/NCAR 再分析资料),空间分辨率为 1°×1°,用于分析区域覆冰气候背景,影响覆冰形成的气温、水汽配合形式,包括寒潮路径与强度、水汽源地、输送通道、输送强度等。

2. 观冰站(点)观测覆冰资料

覆冰观测资料主要源于气象部门具有电线积冰观测项目的气象台站和电力部门设立的观冰站(点)。覆冰资料内容主要包括:覆冰过程最大值、覆冰长径、覆冰短径、覆冰重量;覆冰种类、外部形状及内部结构;覆冰过程起、止时间及测冰时间等。

3. 覆冰同时气象要素观测资料

覆冰同时气象要素观测资料主要源于气象部门建立的气象台站和电力部门设立的观冰站(点)。覆冰同时气象要素资料内容主要包括:覆冰期气温、降水量、相对湿度、水汽压、风速、风向、能见度、日照时长与天气现象等。

4. 输电线路在线监测数据及巡线实测数据

国内部分易覆冰区域的输电线路装设了覆冰或气象在线监测设备,可提供输电线路部分区段的覆冰期实时监测数据;电力运检部门会在覆冰期对线路进行覆冰巡测,可获取输电线路部分地点的导线或地物覆冰数据。

5. 工程调查覆冰资料

在架空输电线路工程的规划设计阶段,一般均会开展现场覆冰调查工作,获取工程区域历史覆冰资料,主要包括:覆冰地点气候与地理环境;覆冰的重现期、种类、形状、长径、短径和重量;覆冰附着物种类、直径、离地高度和走向;覆冰发生时间和持续日数以及天气现象。

6. 数字地形资料

用于数字冰区划分的数字地形资料主要包括地形图数字化资料和数字高程模型数据。数字地形图的比例一般为 1∶50000～1∶250000。目前，基本覆盖全球的、可免费获取的数字高程模型数据主要有三种：2009 年发布的先进星载热发射和反射辐射仪全球数字高程模型 ASTER GDEM(advanced spaceborne thermal emission and reflection radiometer global digital elevation model，ASTER GDEM)数据、2003 年发布的航天飞机雷达地形测绘使命(shuttle radar topography mission，SRTM)数据，以及 1996 年发布的全球 30 弧秒高程(global 30 arc-second elevation，GTOPO30)数据。

三、资料处理与分析

1. 覆冰资料

(1)对覆冰原始资料需进行可靠性、代表性和一致性审查，对特大值进行合理评估和处理。

(2)由于从不同途径获取的覆冰数据的形式不同、覆冰密度与形状各异、附着物离地高度不一，所以需统一换算为离地 10m 高密度为 0.9g/cm^3 的均匀裹覆在导线周围的标准冰厚。

(3)对覆冰调查数据应进行可靠性评定，剔除可靠性低的数据。

2. 气象资料

(1)结合区域覆冰期起止时间，搜集整理相应时段气象要素资料，进行可靠性、代表性和一致性审查。

(2)根据覆冰过程起止时间，统计各过程时段覆冰同时气象要素平均值、极值或累计值。

(3)若需对气象要素进行空间插值，则需针对不同气象要素采用多种方法进行对比试验，选择验证结果最好的方法作为该要素的插值方法。

3. 数字地形资料

(1)对获取的原始数字地形资料，需通过坐标系统转换、裁切、拼接和修正等步骤得到工程或研究区域的数字地形数据。

(2)数字地形数据的空间分辨率与实际需求可能不一致，此时需要对原始数据进行调整处理，确定合适的网格大小，以满足地形精度要求，同时兼顾工作效率。

(3)利用地理信息系统，结合区域数字地形数据提取地形要素，如地理位置、海拔、坡度、坡向和地形类别等。

四、覆冰数值模型

目前，国内外应用比较广泛的覆冰数值模型主要有两类：一类是覆冰物理概念模型，它是基于导线覆冰的流体运动规律和传热机理，通过考虑各种复杂气象条件因素、环境因素和结构参数建立的覆冰数学模型，如 Imai 模型、Lenhard 模型、Goodwin 模型、Chaine 模型、McComber 模型和二郎山模型等；另一类是覆冰数理统计模型，它是考虑影响覆冰形成和发展的气象因子和地形因子，采用统计学方法建立的覆冰回归模型。

在选取覆冰数值模型时，应综合考虑各种模型的使用条件、优缺点与模拟精度，以及区域地理气候环境和资料情况。当选用现有覆冰数值模型时，一般需要考虑目标区域实际情况，利用实测资料对模型进行修正，提高模型在目标区域的适用性；当构建区域覆冰模型时，需要采用不同方法进行建模试验，采用实测资料对模型进行验证，并进行模型精度和适用性评价，建立满足工程应用需求的覆冰数值模型。

五、数字冰区生成

(1)对于观冰站(点)较多、资料较为丰富的地区，可采用空间插值方法生成区域冰区。①根据实测覆冰资料计算各观冰站(点)同一标准下的标准冰厚。②工程应用冰区图插值计算的网格尺度不宜大于 1km×1km，插值计算的基础数据的数量应满足现行标准《架空输电线路覆冰勘测规程》(DL/T 5509—2015)的要求。③通过空间插值方法比选，选择验证结果最好的方法进行插值计算，对插值结果进行合理性检查，对异常格点数据进行剔除或修正。④覆冰重量插值计算应考虑微地形的影响，并进行覆冰地形订正。⑤同一冰区内各格点覆冰计算值应接近，与划区覆冰量级相差不应大于 5mm，不同冰区可用不同颜色进行区分。图 13-3 为采用空间插值方法生成的四川省局部地区输电线路 50 年一遇冰区成果。

(2)当研究或工程区域有成熟的覆冰数值模型可以利用时，可采用数值模拟方法得到区域冰区。①利用区域实测覆冰及气象资料对模型进行修正和检验。②当目标区域范围较大且包含不同气候区时，需根据区域覆冰特性、气候背景以及地理环境进行分区。③采用通过验证的覆冰模型分区模拟区域覆冰空间分布，并对模拟计算结果进行合理性检查。④覆冰模拟计算的网格尺度、地形换算、冰区归并应符合现行标准《架空输电线路覆冰勘测规程》(DL/T 5509—2015)的相关规定。图 13-4 为数值模拟生成的某输电线路乌蒙山土岭区段 50 年一遇冰区模拟结果。

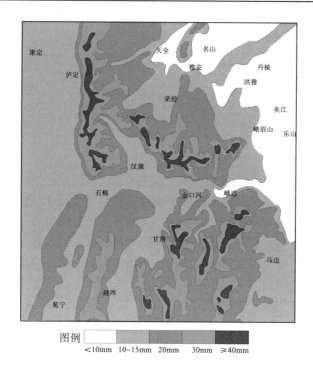

图 13-3　四川省局部地区输电线路 50 年一遇冰区成果（见彩版）

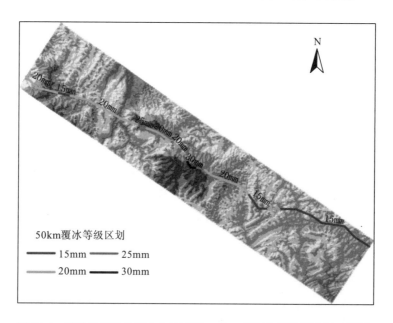

图 13-4　某输电线路乌蒙山主岭区段 50 年一遇冰区模拟结果（见彩版）

(3)当研究或工程区域实测覆冰及气象资料较多时,可通过构建区域覆冰数学模型,采用多元回归、支持向量回归机等方法建立覆冰重量与气象和地形因子的数学关系,结合地理信息系统计算生产区域覆冰空间分布。图 13-5 为采用支持向量回归机方法计算生成的川西南某山地区域 50 年一遇数字冰区计算结果。

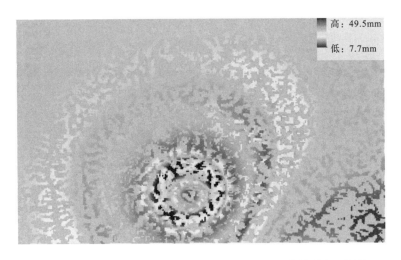

图 13-5　川西南某山地区域 50 年一遇数字冰区计算结果(见彩版)

第十四章　冰区图绘制

区域冰区图是某一区域输电线路在不同地形及气候条件的一定重现期下离地高度为 10m 的标准冰厚的分布图，冰区图为电网设计与运行部门直观了解区域覆冰大体分布提供便利。对电网工程具有实用价值的冰区图绘制应建立在长期覆冰基础数据积累、系统性覆冰调研的基础上，通过深入研究区域覆冰气候环境系统、区域覆冰分布特性，应用相对合理、可靠的计算方法或数学模型等实现冰区图的绘制[51]。

第一节　冰区图绘制方法

冰区图的绘制简单来讲就是对相关资料进行分析计算，然后确定区域覆冰量级与区域划分结果，最后人工或利用计算机软件在地图上绘制出划分结果。目前，国内常用的冰区图绘制方法主要包括覆冰插值绘制法、覆冰模型绘制法、经验法等。冰区图绘制方法的选取主要取决于制图区域覆冰资料的积累和现有研究成果的情况。

一、覆冰插值绘制法

覆冰插值绘制法是由区域覆冰观测点与调查点资料推算设计冰厚，并采用合适的插值法推算区域空间其他网格的冰厚，再通过数据处理程序绘制成图。该方法适用于人口较为密集、易于开展覆冰调查的区域，并且在区域范围内积累了大量观测点和调查点的可靠覆冰资料。

利用覆冰插值绘制法进行区域冰区图绘制的主要技术路线如下：

(1)收集整理绘图区域的已有覆冰资料。

(2)绘图区域覆冰调查点布置与调查。

(3)对覆冰调查点的信息进行整理、计算和分析，将计算结果与对应调查点附近的覆冰信息进行比对，检验其可靠性，筛选出较可靠的点作为插值法的基础点。

(4)利用绘图区域各基础点的标准冰厚，插值计算其他网格的标准冰厚，对插值结果进行检验和修正。

(5)根据覆冰量级分级划定冰区，分色拼接后成图。

二、覆冰模型绘制法

覆冰模型绘制法是由覆冰增长机理、天气学原理或统计学方法，建立区域覆冰数学模型。同时，采用调查覆冰数据、实测覆冰数据、线路设计运行资料等对覆冰模型进行检验和修正，再通过数据处理程序绘制成图。

该方法适用于观冰站(点)较多、资料积累时间较长的区域，且该区域具有可靠性较高的覆冰模型研究成果。例如，国家电网公司冰区图绘制采用的 Jones 模型、Creel 模型、气象参量回归模型；南方电网公司冰区图绘制采用的经验统计覆冰模型；西南院公司冰区图绘制采用的支持向量回归机模型等。

利用覆冰模型绘制法进行区域冰区图绘制的主要技术路线如下：

(1)收集整理绘图区域的观冰站(点)、气象站的覆冰观测资料及相关气象要素，无覆冰观测的观冰站(点)收集各年冬季的雨(雾)凇日数、气温、降水、相对湿度、风速等与覆冰关系密切的气象要素；历次冰灾过程中实测的覆冰数据；电力部门覆冰在线监测的覆冰数据。

(2)建立覆冰基础资料数据库。

(3)选择代表性好、覆冰序列完整、观测年限大于 10 年的观冰站(气象站)作为基础点，依据长期观测资料或试验成果，建立覆冰数学模型，并利用观冰站(气象站)相应时段的其他覆冰实测资料对覆冰模型的可靠性进行检验，必要时对模型进行改进，提高其模拟精度。

(4)利用代表站建立的覆冰数学模型推算周边无覆冰观测的气象站的覆冰序列。

(5)将各观冰站(气象站)的覆冰序列进行整理，并按概率统计方法计算设计冰厚，结合各观冰站地理信息(海拔、经纬度、地形类别)建立覆冰厚度与地理位置关系的计算模型；利用覆冰实测或调查资料、已建输电线路设计运行资料对冰厚与地理位置关系模型进行检验。

(6)通过冰厚与地理位置关系模型计算出工作区域内各网格点的冰厚，利用图形处理软件按不同冰区的分界值划定冰区，然后分色拼接后成图。

三、经验法

冰区图绘制的经验法是针对指定的覆冰区域，运用长期积累的覆冰资料或线路设计运行经验，以某一高程作为冰区的分界，通过闭合高程线进行冰区图绘制。该方法适用于覆冰量级变化规律、冰区分级被普遍认同，同时已有多年的线路运行经验和覆冰资料积累的区域。例如，2008 年以前四川、云南、贵州等省冰区图绘制主要采用经验法。

利用经验法进行区域冰区图绘制的主要技术路线如下：

(1)收集、整理绘图区域的覆冰资料。

(2)分析、计算区域内各冰区量级之间的分界海拔。

(3)利用覆冰观测资料、已建输电线路的设计运行资料等对计算结果进行验证，进一步确定各冰区量级的分界海拔。对于与实际情况出现明显偏差的地方，进行人工修正。

(4)根据各冰区量级分界海拔和修正结果，分色拼接后成图。

第二节　冰区图绘制步骤

冰区图绘制步骤一般包括：确定冰区图绘制原则、资料收集与处理、覆冰气候与地形分区、覆冰分析计算、冰区分级、制图、冰区图评价与修订。

一、确定冰区图绘制原则

(一)重现期标准

根据《架空输电线路覆冰勘测规程》(DL/T 5509—2015)的定义，基本冰区图的重现期标准应为50年一遇；按《电网冰区分布图绘制技术导则》(GB/T 35706—2017)的规定，冰区图应按照30年、50年、100年重现期分别进行绘制。区域冰区图绘制应首先根据实际需要确定重现期标准。

(二)绘制方法

不同的绘制方法对基础资料的需求、自身优缺点、适用条件、难易程度不尽相同。根据制图区域观冰站(点)、调查点数量与空间分布情况、可靠资料的丰富程度、区域线路的设计运行经验情况，选择合适的冰区图绘制方法。例如，当制图区域具有大量的观测点和调查点，并在区域内均匀分布，覆盖了各种地形、海拔与覆冰量级区域时，可采用覆冰插值绘图法；当区域内较多观冰站(点)具有长期实测资料或已有可靠覆冰模型研究成果时，可考虑采用覆冰模型绘制法；当区域内覆冰变化相对简单且投运输电线路较多，设计和运行经验丰富时，可采取经验法。

(三)空间分辨率

根据《架空输电线路覆冰勘测规程》(DL/T 5509—2015)的规定，基本冰区图的比例应为 1：50000～1：200000。当采用数字地形数据时，原始数据的空间分辨率不宜低于 90m×90m。在实际操作中,还需考虑工程应用需要、地形辨识精度与计算效率问题,综合评估和测试后确定。

二、资料收集与处理

(一)资料收集

冰区图绘制需收集的基础资料主要包括以下内容:

(1)覆冰资料,包括观冰站(点)观测覆冰资料、输电线路及巡线实测覆冰资料、工程调查覆冰资料、工程应用的设计冰厚资料、覆冰数学模型计算的覆冰资料等。

(2)气象资料,包括覆冰过程同时气象要素资料和再分析数据等。

(3)地形数据,包括地形图、数字高程模型(digital elevation model,DEM)数据和地形分析数据等。

(二)资料处理

冰区图绘制应用的基础资料需在分析计算之前进行相关处理,例如,对覆冰资料统一标准化,使不同来源和不同形式的覆冰资料处于同一标准条件下;对气象要素资料按覆冰过程进行对应整理,若有需要,则对气象要素资料进行空间插值。对于地形资料,需要按制图区域大小进行图幅、坐标系统、网格尺度和地形因子提取等处理。以上各种资料的具体处理参见第十三章第四节部分内容。

三、覆冰气候与地形分区

覆冰是气候与地形要素综合作用的结果,而气候又受到地形地势的重要影响,因此在冰区图绘制前,首先需要研究本区域的覆冰在不同气候和地形区的分布特性,然后根据已有资料对分区区域进行覆冰的分析计算与冰区划分。分区应根据制图区域大范围的地势变化、山脉走向、地形特征和气候条件差异,结合制图区域的覆冰空间分布差异性来综合分析,最终将制图区域划分为几个子区域。划分后的子区域内影响覆冰的气候与地形条件相似,不同的子区域之间应存在明显差异。同时,区域划分不宜过于零碎,数量不宜过多,子区域的划分还应考虑区域观测点与调查点的分布和资料获取情况。

四、覆冰分析计算

冰区图绘制所需的覆冰分析计算主要包括标准冰厚计算、模型计算、冰厚空间数值化。

（一）标准冰厚计算

（1）根据观冰站（点）、调查点覆冰资料，计算冰区图绘制相应重现期下的标准冰厚，计算方法参见第十一章部分内容。

（2）对于无覆冰记录的观冰站（点），当邻近区域的观冰站（点）有长期覆冰观测资料，且两者的覆冰气候与地形条件类似时，可采用有资料观冰站（点）的覆冰与气象要素拟合关系式来计算参证观冰站（点）的标准冰厚。经可靠性评价与精度检验后，可采用《电网冰区分布图绘制技术导则》（GB/T 35706—2017）给出的覆冰厚度估值参考计算方法来估算无覆冰记录的观冰站（点）的标准冰厚。

（二）模型计算

（1）根据制图区域已有覆冰和气象资料情况、覆冰模型研究成果，可基于长系列实测覆冰资料构建区域覆冰模型；若有成熟可靠的覆冰模型可利用，也可采用现有覆冰模型。

（2）在应用覆冰模型计算时，需采用区域内不同位置、地形、海拔的基础点实测覆冰数据对模型进行可靠性和适用性检验，必要时对模型进行修正或改进，提高其模拟精度以满足制图区域的应用要求。

（3）采用通过验证后的覆冰模型计算制图区域无覆冰记录格点的标准冰厚，并对计算结果进行合理性检查。若覆冰模型未考虑地形对覆冰的影响，则还需对计算结果进行地形订正。地形订正方法可参加第十一章第二节部分内容。

（三）冰厚空间数值化

在得到区域各点标准冰厚的计算结果后，需进行冰厚空间数值化，从而得到整个制图区域的覆冰空间分布，实现的途径主要有空间插值和数值模拟两种方式。

1. 空间插值

1）插值方法

空间插值方法有多种，常用的有克里金法、反距离权重法、样条法、趋势面法、地形跟随的五点反距离法等，本小节主要介绍在覆冰空间插值中应用较多的地形跟随的五点反距离法。

对于区域内每个网格，先利用数字高程数据得到该网格内的平均海拔 H，再找出该网格附近东、西、南、北和西北 5 个方向上最近的观冰站（点）、实测站（点）和调查点的地理坐标和海拔，分别计算出与这 5 个站点的距离，计算公式如下：

$$B_0 = \sum_{j=1}^{5} \frac{\overline{L}}{L_j} \left(\frac{H_0}{H_j} \right)^u B_j \tag{14-1}$$

式中，B_0——网格点标准冰厚，mm；

B——5 个邻近观冰站(点)或实测站(点)的标准冰厚，mm；

j——序号；

$\overline{L}$——网格点到 5 个观冰站(点)或实测站(点)、调查点的水平距离平均值，m；

L_j——网格点到 5 个观冰站(点)或实测站(点)、调查点的水平距离，m；

H_j——5 个观冰站(点)或实测站(点)、调查点的海拔，m；

H_0——网格点海拔，m；

u——海拔修正系数，无实测值时取值为 0.22。

对于微地形、微气象区域所在的网格，根据微地形类型及其相应修正系数进行覆冰厚度修正。

2) 插值要求

基本冰区图插值计算网格尺度不宜小于 1km×1km。插值计算基础数据的数量应符合以下要求：

(1) 轻冰区每 5km×5km～10km×10km 内不应少于 1 个。

(2) 中冰区每 3km×3km～5km×5km 内不应少于 1 个。

(3) 重冰区应每 2km×2km～3km×3km 内不应少于 1 个。

覆冰重量插值计算应对每个网格覆冰地形类别进行判定并进行覆冰地形换算，覆冰地形换算系数可按表 11-3 选取。若一个网格中包含的地形类别多于 1 个，则应选择对覆冰重量增加影响较大的地形类别。

2. 数值模拟

通过数值模拟来实现覆冰空间数值化，就是采用覆冰数学模型并结合地形信息系统来模拟计算区域覆冰空间分布。可选用的覆冰数学模型有多种，包括覆冰气象概念模型、多元线性回归模型和支持向量回归机模型等，具体可参见第十一章第四节部分内容。

此处介绍一种基于区域划分的覆冰厚度空间推算法。由于山地区域覆冰与海拔、坡度和坡向相关性较高，可通过大量样本数据建立标准冰厚与海拔、坡度和坡向的数学关系，来推算覆冰空间分布。首先对制图区域按照气候和地形条件进行覆冰区域划分，然后针对每个分区分别拟合冰厚空间推算模型，具体方法如下：

(1) 覆冰气候条件分区。考虑最大连续覆冰增长日数、站点逐年最大覆冰冰厚、冷空气路径、地形走向及高程分布特征等因素划分覆冰气候区。

(2) 冰厚空间推算模型。根据每个覆冰气候条件分区内有资料的基础点的海拔、坡向、坡度等地形环境参数与基础点标准冰厚进行建模，模型如下所示：

$$B_0 = m + m_1 y_1 + m_2 y_2 + m_3 y_3 + n_1 y_1 y_1 + n_2 y_2 y_2 + n_3 y_3 y_3 \tag{14-2}$$

式中，B_0——推算的网格标准冰厚，mm；

m——常数项；

y_1、y_2、y_3——标准化处理后的海坡高度、坡度、坡向；

m_1、m_2、m_3、n_1、n_2、n_3——各因子项系数。

五、冰区分级

在完成制图区域的覆冰空间分布分析计算后，需要对覆冰区域进行分级划区。冰区归类分级的量级可按设计冰区分级归并标准表 13-1 确定，也可根据区域内最大覆冰量级，按照轻冰区(0～5mm、5～10 mm)、中冰区(10～15 mm、15～20 mm)、重冰区(20～30 mm、30～40 mm)、特重冰区(40～50 mm、50 mm 及以上)对冰区进行分级。

注意，被划为同一冰区的网格覆冰计算值与划区覆冰量级相差不应大于 5mm，不同覆冰量级冰区可用不同的颜色进行区分。

六、制图

(一)制图软件

一般而言，冰区图绘制的常用制图软件有两类：一类是专业绘图软件(如 CorelDraw，AutoCAD 等)；另一类是地理信息软件(如 ArcGIS、MapGIS、SuperMap 等)。

(1)专业绘图软件适用于覆冰变化相对简单、设计和运行经验较为丰富的地区，多通过经验法来绘制冰区图，易于根据资料对局部冰区进行调整及修改，人工干预较多，绘制区域边界及着色更多依靠手工，制图工作量相对较大。

(2)地理信息软件适用于覆冰空间分布复杂、分析计算量大、实测资料较为丰富的地区，多通过覆冰插值法、覆冰模型法来绘制冰区图，由于覆冰模型和插值方法的局限性，局部冰区调整相对要困难一些，人工干预较少，易于空间分析和自动化处理，制图工作量相对较小。

(二)制图要求

(1)根据不同重现期冰区分级结果，利用地理信息软件或专业制图软件进行绘制。制图方法和制图软件应适用于制图区域。

(2)冰区图采用 2000 国家大地坐标系或 WGS84 坐标系。

(3)冰区图应包含山脉、水系、交通及主要城镇等信息，必要时可添加观冰站(点)、已建输电线路、微地形点、覆冰事故点等其他信息，并用不同符号标示。

(4)纸质冰区图一般采用 0 号图纸，也可以根据实际需要的大小来绘制。

(5)冰区色彩层应位于第一层图面,冰区色标和图例表示可参照《电网冰区分布图绘制技术导则》(GB/T 35706—2017)的相关规定。

(6)正式冰区图应包含制图单位、区域名称、重现期、比例尺寸、图例、版本、适用条件和注意事项等附加内容。

七、冰区图评价与修订

由于基础资料、地形分辨率、计算结果精度的限制以及建模和制图方法本身的局限性,冰区图不可避免地存在偏差,并不能完全反映实际的覆冰分布。因此,现有的冰区图在实际应用时只能作为参考,要使冰区图能成为输电线路设计和运行的适用依据,需要通过长期的、大量的覆冰资料积累,并在此基础上对冰区图进行不断修编、完善。

在冰区图制作完成后,应对冰区图的可靠性和适用性以及应用范围进行科学合理的评价。冰区图应定期进行更新,更新周期一般不超过 3 年,局部地区可根据实际情况每年进行修订。同时,当局部地区覆冰数据出现重大变化时,还应及时进行调整更新。

第三节　绘 制 示 例

西南院公司采用不同方法进行了区域冰区图的绘制实践,本节以基于覆冰模型绘制法[52]的四川地区 50 年一遇冰区图编制为例,演示说明区域冰区图的绘制方法和步骤。

一、资料收集与处理

(一)资料收集

根据四川地区观冰站(点)、气象台站、覆冰的大致分布特点,收集了该区域的覆冰观测资料、气象实测资料和数字地形数据。

(1)覆冰观测资料选择首先应考虑资料的观测年限。由于不同观冰站(点)覆冰资料的观测年限有所差异,结合不同时段资料的有效样本数量,分析选定资料观测年限为 2001～2014 年,该时段内进行观测的观冰站(点)数量较多,时间跨度超过了 10 年,满足覆冰频率计算的资料年限要求;同时包含了 2005 年、2008 年和 2012 年等冰害出现的年份,有利于对典型大覆冰过程的研究。

通过对四川地区已有观冰站(点)进行筛选,排除一些代表性差、观测时间太短且实测数据价值不大的观冰站(点),然后在上述时间跨度中进行选择,最终确定采用其中 54 个观冰站(点)。

覆冰资料项目主要包括导线覆冰过程的极值数据：覆冰长径、短径、重量；覆冰种类、外部形状及内部结构；覆冰过程起止时间及测冰时间。

(2)气象实测资料主要来源于区域内观冰站和气象台站，重点收集易覆冰区域(四川西南部地区 30 多个气象台站)的覆冰同时气象要素资料，主要包括气压、气温、水汽压、相对湿度、日最低气温、风速、降水、日照时数这 8 个要素。

(3)数字地形数据的来源多样，通过对比分析，选择空间分辨率较高的数字高程模型数据(ASTER GDEM V2)，其空间分辨率为 1 弧秒×1 弧秒(约 30m×30m)，每个分片包含 3601 行×3601 列。下载的 DEM 数据包含了整个制图区域，如图 14-1 所示。

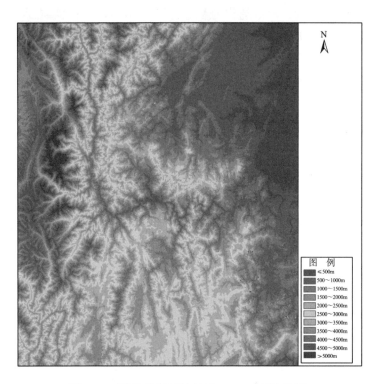

图 14-1　制图区域的四川局部 DEM 图(见彩版)

(二)资料处理

1. 覆冰资料

1)资料挑选

对资料的可靠性、代表性和一致性进行审查。以"同期观冰站(点)尽可能多、地域尽可能广"为原则来挑选覆冰过程。根据该原则挑选 2001～2014 年整个制图区域内不同地域的多个观冰站(点)的过程标准冰厚极值。

2)统一标准

由于不同观测站(点)的观测导线悬挂高度与线径不一样,采用第十一章第二节所介绍的方法,将所有观冰站(点)的覆冰数据统一换算为离地 10m 高直径为 26.8mm 导线上的标准冰厚。

2. 气象资料

1)资料挑选

根据挑选的区域覆冰过程,挑选覆冰同期气象要素过程值,对于气压、气温、水汽压、相对湿度、风速、日最低气温这 6 种要素,对包含在每个过程起止时间范围内的日值求平均值,作为过程值;对于降水和日照时数,求得每个过程起止时间范围内的累计值,作为过程值。

2)插值处理

为得到整个制图区域的气象要素空间分布,需要基于观冰站(点)和气象台站数据求得无资料各点的气象要素值。

通过不同插值方法的比选,选择气象要素各自适合的插值方法,如针对气温插值选定反距离权重法,某覆冰过程区域气温空间插值结果如图 14-2 所示。

图 14-2　某覆冰过程区域气温空间插值结果(见彩版)

3. 数字地形资料

1)初步处理

对下载的原始 DEM 数据需要进行裁切、拼接和坐标系统转换，生成包含制图区域的 DEM 数据；然后确定参数栅格大小后实现栅格转换。经反复设置多种栅格大小尺寸并完成后续步骤后，从地形要素平滑性、提取准确性、地形零碎性、计算效率等多方面衡量对比最终完成效果，认为 330m×330m 左右的尺寸效果相对较好。

2)地形因子提取

地形因子的识别和提取，可通过地理信息软件来完成。地形因子包括常规地形因子和微地形因子。常规地形因子包括经度、纬度、海拔、坡度和坡向等要素，可以通过地理信息软件自带工具直接提取。

微地形因子主要包括垭口、山岭(山脊)、迎风坡、背风坡和山谷(平坝)等地形类别。微地形因子一般需要建立提取方法，然后通过地理信息软件来完成。以迎风坡和背风坡为例，其地形识别流程和地形识别效果分别见图 14-3 和图 14-4。

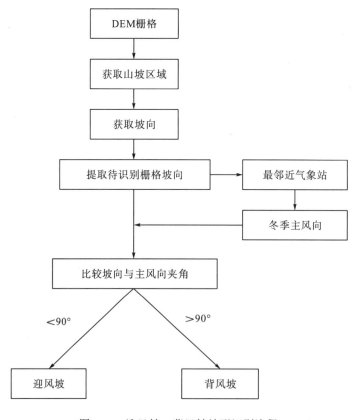

图 14-3 迎风坡、背风坡地形识别流程

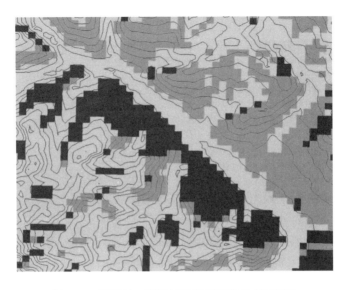

图 14-4　迎风坡、背风坡地形识别效果（见彩版）

（蓝色为迎风坡、绿色为背风坡）

3）地形因子参数化

经过识别后的结果是一种分类结果，而分类结果不能直接用于建模，还需要对分类结果进行某种形式的量化，对每种地形类别赋予一个数值。这样通过对地形类别进行识别、提取和参数化，从而实现将微地形因子加入数学模型的建模中。

二、覆冰气候与地形分区

四川省地形复杂多样，气候也呈现地域变化，覆冰是地形因子与气候因子综合影响的结果，相应的覆冰也呈现了地域性规律。根据四川省的地形地貌、气候与覆冰的分布特点，将四川地区划分为三大区域，即川西高原、川西南山地和四川盆地及盆周山地。

四川地区不同分区由于气候和地形条件、覆冰量级与分布特点、观冰站（点）与资料数量差异较大，适于采用不同的冰区图绘制方法。以川西南山地分区为例，西起川西高原东南边缘（由北向南大致在小金-康定-九龙-木里、稻城中间连线），东至盆周西南山岭（大致在小金-泸定东-金口河-甘洛东-雷波连线），该区域地处横断山脉地区，也是川西高原和四川盆地的过渡区，海拔一般在 1000～3500m。

根据区域覆冰观测资料，结合线路工程现场调查表明：川西南山地区域普遍存在覆冰现象，覆冰最高量级超过 60mm，覆冰空间分布变化复杂，覆冰随地形与海拔的变化呈现较大的水平差异与垂直差异。该区域观冰站（点）较多，积累的实测资料较为丰富，可采用覆冰模型绘制法。

三、覆冰分析计算

（一）覆冰模型构建

川西南地区具有大量的覆冰观冰站（点）和长期观测资料，便于采取统计学方法来建立覆冰与气象因子和地形因子的回归模型。

1. 基础数据集的构成与划分

基础数据集是数学模型构建的基础。在覆冰模型构建中，目标是计算覆冰量级，因此以覆冰过程冰厚极值作为因变量 Y，自变量则由观冰站（点）的气象要素和地理要素共同构成。其中，气象要素就是前述的 7 种，地理要素为观冰站（点）的经度、纬度、海拔及地形。其具体形式见表 14-1。

表 14-1　基础数据集变量构成表

Y	X_1	X_2	X_3	X_4	X_5	X_6	X_7	X_8	X_9	X_{10}	X_{11}
冰厚	风速	降水	气温	气压	日照	水汽压	最低气温	经度	纬度	海拔	地形

将数据集划分为训练集和检验集，训练集参与模型构建，用于训练模型和调整参数；检验集不参与模型构建，仅用于检验误差，验证模型的有效性。

2. 建模试验

在本区域覆冰模型构建过程中，选取了常规线性回归模型和支持向量回归机模型进行建模试验，根据建模试验结果的对比分析，确定支持向量回归机模型的模拟精度更高，明显优于常规线性回归模型，因此选定支持向量回归机模型进行区域覆冰量级的模拟计算。

（二）覆冰模拟计算

根据不同重现期级别覆冰过程的气象和地形因子数据，运用区域覆冰数学模型（支持向量回归机模型）来计算相应重现期的覆冰空间分布。区域覆冰分布模拟计算流程见图 14-5，川西南山地局部区域 50 年一遇覆冰分布模拟计算结果如图 14-6 所示。

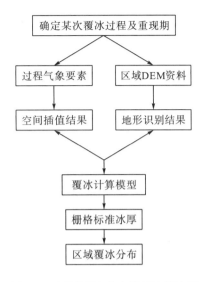

图 14-5　区域覆冰分布模拟计算流程

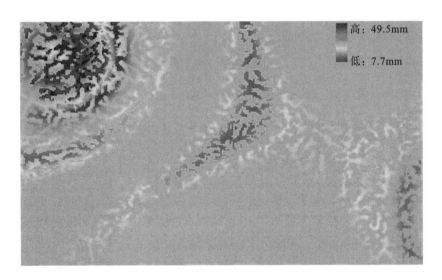

图 14-6　川西南山地局部区域 50 年一遇覆冰分布模拟计算结果（见彩版）

四、冰区分级

根据制图区域的覆冰量级模拟计算结果，制图区域内最大覆冰量级超过 60mm，故按照轻冰区（0～10mm）、中冰区（10～20mm）、重冰区（20～30mm、30～40 mm）、特重冰区（40～50mm、50～60mm 以及 60mm 及以上）对冰区进行分级。

五、制图

考虑制图区域覆冰空间分布复杂，覆冰、气象和地形要素需进行大量空间分析计算，模拟计算量大，采取地理信息软件 ArcGIS 来进行冰区图绘制。

按照前面所述制图步骤和要求，绘制生成了川西南地区 50 年一遇冰区图，局部区域效果如图 14-7 所示。

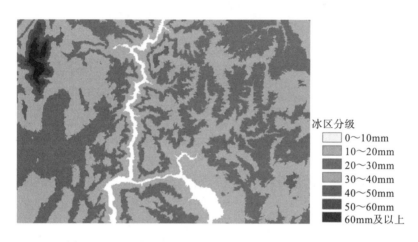

冰区分级
☐ 0～10mm
☐ 10～20mm
☐ 20～30mm
☐ 30～40mm
☐ 40～50mm
☐ 50～60mm
■ 60mm及以上

图 14-7   川西南山地局部区域 50 年一遇冰区图(见彩版)

六、冰区图评价

四川位于青藏高原东南部，山脉广布，地形多样。区域大气环流复杂，气候的水平分布和垂直分布复杂多样。在盆周山地、川西南山地、川西高原部分山地，覆冰情况差异显著，微地形覆冰量级跳跃特征十分突出，变化非常复杂。在川西高原地区，线路相对较少，缺乏定性和定量资料，覆冰特性分析资料相对较少；在盆周山区和川西南山地虽然收集了大量的实测资料，但就建模要求而言，区域内观冰站(点)仍较为稀疏且分布不均，建模有效样本数量较为有限，仍需开展大范围覆冰观测，进一步积累基础资料。

总体而言，冰区图所展示的覆冰空间分布在趋势和量级上与实际情况较为吻合，由于受实测样本容量、站点分布不均、气象插值误差以及计算方法的限制，覆冰模型模拟结果不可避免地存在误差，局部地段的误差程度可能不满足工程勘测设计的应用要求。因此，冰区图成果仅供输电线路工程参考使用，不宜直接作为工程设计冰厚取值的适用依据，而且需要利用更多的实测资料和工程实践对冰区图持续进行修正和完善。

附录 A 雨凇塔(架)导线覆冰记录簿

A.0.1 雨凇塔(架)导线覆冰记录簿封面(表 A.0.1)。
A.0.2 雨凇塔(架)导线覆冰记录表(表 A.0.2)。

表 A.0.1 雨凇塔(架)导线覆冰记录簿封面

雨凇塔(架)导线覆冰记录簿

站(点)名

层　　数

第　　册

20　年　月　日

表 A.0.2　雨淞塔(架)导线覆冰记录表

编号：

观测时间	月　日　时　分		备注
覆冰种类			
导线方向	A	B	
导线离地高度/m			
导线型号			
长径/mm			
短径/mm			
截面积/mm²			
总重/g			
盒重/g			
净重/g			
每米覆冰重量/(g/m)			

同时气象要素	气温/℃	风速/(m/s)风向	雪深/cm	天气现象

覆冰特性	覆冰种类及其占比		
	覆冰内部结构		
	覆冰外部形状		

覆冰过程	A方向		
	B方向		

观测：　　　　　　记录：　　　　　　校对：

附录 B 试验线路导线覆冰记录表

表 B ＿＿＿＿试验线路导线覆冰记录表

＿＿＿＿试验线路导线覆冰记录表

覆冰过程开始时间：＿＿年＿＿月＿＿日＿＿时＿＿分

第＿＿页

序号	观测时间	覆冰类型	天气状况	气温/℃	风速1/(m/s)	风速2/(m/s)	风向	每米覆冰重量/(g/m)	标准冰厚/mm	现场描述	记录人
1											
2											
3											
4											

注：(1)覆冰类型分雨凇、雾凇、雨雾凇混合冻结、湿雪；(2)天气状况分大小(干、湿)雪、小雨、大中小雾、阴、晴、无风、阵风、大风等及覆冰发展快慢描述；(3)风速1、2分别代表两档对应观测风速；(4)现场描述包括悬垂绝缘子串偏移、导线覆冰扭转和覆冰形状及弧垂下降等静态情况，以及导线有无覆冰舞动、振动、脱冰跳跃等动态情况的相应观测记录；(5)观测时间以月-日-时-分的记录格式；间隔时间一般为2h一次；(6)覆冰重量、厚度是按标准冰密度0.9g/cm^3、导线均匀同径覆冰、导线实际直径情况计算的，其实际覆冰厚度可根据气象场观测的实际覆冰密度折算得到。

附录 C 观冰站（点）地面气象观测记录簿

C.0.1 观冰站地面气象观测记录簿封面（表 C.0.1）。

C.0.2 观冰站地面气象观测记录簿（表 C.0.2）。

C.0.3 观冰点地面气象观测记录簿封面（表 C.0.3）。

C.0.4 观冰点地面气象观测记录簿（表 C.0.4）。

表 C.0.1 观冰站地面气象观测记录簿封面

气簿-1

地面气象观测记录簿

省(区、市) 观冰站

第 册

年 月 日 起
止

表 C.0.2　观冰站地面气象观测记录簿

年　　月　　日

时间	2			8			14			20			合计	平均
地温/℃	读数	器差	订正后	读数	器差	订正后	读数	器差	订正后	读数	器差	订正后		
0cm														
地面最高													日最高	
地面最低													日最低	
5cm														
10cm														
15cm														
20cm														
40cm														

冻土深度/cm		80cm		蒸发	原量	降水量/mm	余量	蒸发量/mm
上限		160cm		小型				
下限		320cm		E601 型				

雪深/cm	1	2	3	平均	样本重量/g			平均	
					雪压/(g/cm²)				

电线积冰	最大			气温/℃	风向	风速/(m/s)	记事	日照时数/h
	直径/mm	厚度/mm	重量/g					
南北								
东西								

天气现象		备注

续表

时间		2			8			14			20			合计	平均
能见度/km														—	—
总/低云量		/			/						/			/	/
云状														—	—
														—	—
														—	—
														—	—
														—	—
														—	—
														—	—
云高/m														—	—
风向·风速/(m/s)															
降水量/mm	定时	—			—									—	—
	RR													—	—
		读数	器差	订正后	读数	器差	订正后	读数	器差	订正后	读数	器差	订正后	—	—
干球温度/℃															
湿球温度/℃															
毛发表														—	—
最高温度/℃														日最高/℃	
最低温度/℃														日最低/℃	
水汽压/hPa															
相对湿度/%															
露点温度/℃														最低温度表 酒精柱/℃	
温度计/℃															
湿度计/%														读数	器差 / 订正后
附属温度/℃															
气压读数/hPa															
本站气压/hPa															
海平面气压/hPa															
气压计/hPa														—	—
观测员:															
校对员:															

日期	纪要

续表

表 C.0.3　观冰点地面气象观测记录簿封面

地面气象观测记录簿

省(区、市)　　　　观冰点

第　　册

年　　月　　日　　起
　　　　　　　　　止

表 C.0.4　观冰点地面气象观测记录簿

年　　月

日	气温/℃			风向			风速/(m/s)			雪深①/cm	其他项目		
	8时	14时	20时	8时	14时	20时	8时	14时	20时		8时	14时	20时
1													
2													
3													
4													
5													
6													
7													
8													
9													
10													
11													
12													
13													
14													
15													
16													
17													
18													
19													
20													
21													
22													
23													
24													
25													
26													
27													
28													
29													
30													
31													

观测员：　　　　　　校对员：

---

① 当符合雪深观测条件时，应在每日8时观测雪深，若8时未达到测定雪深标准，之后因降雪而达到测定标准，则应在14时或20时补测。

附录 D 覆冰观测年度报表

D.0.1 覆冰观测年度报表封面(表 D.0.1)。

D.0.2 覆冰观测年度报表(表 D.0.2)。

表 D.0.1 覆冰观测年度报表封面

覆冰观测年度报表

年度: 年～ 年

站(点)名_____第____层

省(区、市)_____

地址_____

经度_____纬度_____

观测场海拔_____

抄录人

校对人

审核人

编制单位

表 D.0.2 覆冰观测年度报表

覆冰观测编号	覆冰种类	观测时间					导线方向	导线型号						其他覆冰附着物							同时气象要素			覆冰特性描述	过程记录	备注
		年	月	日	时	分		离地高度	长径	短径	每米覆冰重量	覆冰密度	标准冰厚	名称	直径	离地高度	长径	短径	每米覆冰重量	覆冰密度	标准冰厚	气温	风向	风速			
年度覆冰极值																											

各月覆冰种类										各月覆冰次数及观测次数									
种类	月份							合计	备注	项目	月份							合计	备注
	10	11	12	1	2	3	4				10	11	12	1	2	3	4		
∽										过程次数									
∨																			
∽∨										观测次数									
*一																			
合计																			

本年度覆冰综述	
线型	
线径	
单位	长径、短径、线径: mm, 每米覆冰重量: g/m, 气温: ℃, 风速: m/s, 离地高度: m。

仪器设备			
仪器名称	规格型号	生产厂名	附注

附录 E　气象观测年度报表

E.0.1　气象观测年度报表封面(表 E.0.1)。

E.0.2　气压(表 E.0.2)。

E.0.3　气温(表 E.0.3)。

E.0.4　相对湿度(表 E.0.4)。

E.0.5　水汽压(表 E.0.5)。

E.0.6　露点温度(表 E.0.6)。

E.0.7　10min 平均风速及风向(表 E.0.7)。

E.0.8　降水量(表 E.0.8)。

E.0.9　日照时数(表 E.0.9)。

E.0.10　能见度(表 E.0.10)。

E.0.11　定时风(表 E.0.11)。

E.0.12　定时降水及天气现象(表 E.0.12)。

E.0.13　覆冰过程相应气象记录统计结果(表 E.0.13)。

E.0.14　其他相关记录(表 E.0.14)。

表 E.0.1　气象观测年度报表封面

地面气象记录年度报表

年度：　　　年～　　　年

站(点)名_____第____层
省(区、市)_____
地址_____
经度_____纬度_____
观测场海拔_____

抄录人
校对人
审核人

编制单位

表 E.0.2　气压（hPa）

覆冰编号	年	月	日	21	22	23	24	01	02	03	04	05	06	07	08	09	10	11	12	13	14	15	16	17	18	19	20	平均	最高	最低

第　页　共　页

表 E.0.3　气温（℃）

覆冰编号	年	月	日	21	22	23	24	01	02	03	04	05	06	07	08	09	10	11	12	13	14	15	16	17	18	19	20	平均	最高	最低

第　页　共　页

表 E.0.4　相对湿度（%）

覆冰编号	年	月	日	21	22	23	24	01	02	03	04	05	06	07	08	09	10	11	12	13	14	15	16	17	18	19	20	平均	最大	最小

第　页　共　页

表 E.0.5　水汽压（hPa）

覆冰编号	年	月	日	21	22	23	24	01	02	03	04	05	06	07	08	09	10	11	12	13	14	15	16	17	18	19	20	平均	最大	最小

第　页　共　页

表 E.0.6　露点温度(℃)

覆冰编号	年	月	日	21	22	23	24	01	02	03	04	05	06	07	08	09	10	11	12	13	14	15	16	17	18	19	20	平均	最高	最低

第　页 共　页

表 E.0.7　10min 平均风速及风向(m/s)

覆冰编号	年	月	日	项目	21	22	23	24	01	02	03	04	05	06	07	08	09	10	11	12	13	14	15	16	17	18	19	20	平均风速	最大风速
				风速																										
				风向																										
				风速																										
				风向																										

第　页 共　页

表 E.0.8　降水量(mm)

覆冰编号	年	月	日	20-21	21-22	22-23	23-24	00-01	01-02	02-03	03-04	04-05	05-06	06-07	07-08	08-09	09-10	10-11	11-12	12-13	13-14	14-15	15-16	16-17	17-18	18-19	19-20	合计

第　页 共　页

表 E.0.9　日照时数(h)

覆冰编号	年	月	日	20-21	21-22	22-23	23-24	00-01	01-02	02-03	03-04	04-05	05-06	06-07	07-08	08-09	09-10	10-11	11-12	12-13	13-14	14-15	15-16	16-17	17-18	18-19	19-20	合计

第　页 共　页

表 E.0.10　能见度(km)

覆冰编号	年	月	日	20-21	21-22	22-23	23-24	00-01	01-02	02-03	03-04	04-05	05-06	06-07	07-08	08-09	09-10	10-11	11-12	12-13	13-14	14-15	15-16	16-17	17-18	18-19	19-20

表 E.0.11　定时风

覆冰编号	年	月	日	定时风速/(m/s)、风向								平均风速	最大		
				02		08		14		20			风速	风向	时间
				风速	风向	风速	风向	风速	风向	风速	风向				

第　页 共　页

表 E.0.12　定时降水及天气现象

覆冰编号	年	月	日	定时降水量/mm			雪深/cm	天气现象		摘要
				20-08	08-20	合计	08-08	08	夜间(20-08 时)	白天(08-20 时)	

第　页 共　页

表 E.0.13-1　覆冰过程相应气象记录统计结果表

覆冰编号	时段	气温/℃				相对湿度/%				水汽压/hPa				露点温度/℃				气压/hPa				风速/(m/s)			降水量/mm	日照时数/h	雪深/cm	天气现象
		平均	最高	时间	最低	时间	平均	最大	时间	最小	时间	平均	最高	时间	最低	时间	平均	最高	时间	最低	时间	平均	最大	风向	时间	合计	合计	最大	时间	摘要

第　页 共　页

表 E.0.13-2　覆冰过程相应气象记录统计结果表

覆冰编号	时段	风的统计																	天气现象日数													
		风向	N	NNE	NE	ENE	E	ESE	SE	SSE	S	SSW	SW	WSW	W	WNW	NW	NNW	C	雨	雪	冰针	雾	轻雾	露	霜	雨凇	雾凇	吹雪	积雪	结冰	大风
		出现回数																														
		风向频率																														
		风速合计/(ms)																														
		平均风速/(ms)																														
		最大风速/(ms)																														

第　页共　页

表 E.0.14　其他相关记录

覆冰编号	时段	天气概况	纪要	备注	现用仪器				
					仪器名称	规格型号	编号	厂名	检定日期

第　页共　页

附录 F 覆冰调查整编成果表

F.0.1 覆冰调查整编成果表(表 F.0.1)。

表 F.0.1 覆冰调查整编成果表

序号	地名	海拔/m	出现年份/年	主导风向	地形类别	覆冰直径/mm	覆冰附着物				重现期/年	密度/(g/cm³)	形状系数	可靠性
							名称	走向	直径/mm	高度/m				
1														
2														
覆冰照片														

附录 G 覆冰踏勘观测记录表

G.0.1 覆冰踏勘观测记录表（表 G.0.1）。

G.0.2 工具和设备配备、检查对照表（表 G.0.2）。

表 G.0.1 覆冰踏勘观测记录表

观测时间				备注	
观测地点					
海拔/m					
地形类别					
覆冰种类					
覆冰附着物名称					
覆冰附着物离地高度/m					
覆冰附着物直径/mm					
覆冰长径/mm					
覆冰短径/mm					
覆冰周长/mm					
总重/g					
盒重/g					
净重/g					
每米覆冰重量/(g/m)					
同时气象要素	气温/℃	风向	风速/(m/s)	雪深/cm	天气现象
现场环境查勘					

观测员：   校对员：

表 G.0.2　工具和设备配备、检查对照表

工具或设备名称	是否配备	工作情况	备注
路径图			
长度测量工具			
取冰专用工具			
称重工具			
相　机			
便携式温度计			
便携式风速仪			
记录本			
记录笔			
安全与劳保用具（安全帽、防滑和防寒用品等）			
其他			

参 考 文 献

[1] 刘刚，赵学增，姜世金，等.架空电力线路防冰除冰技术国内外研究综述[J]. 电力学报，2014，29(4)：335-342.

[2]Ryerson C C，Ramsay A C. Quantitative ice accretion information from the auto- mated surface observing system [J].
　　Journal of Applied Meteorology and Climatology，2007，46(9)：1423-1437.

[3] Cortina J. A climatology of freezing rain in the Great Lakes region of north America[J]. Monthly Weather Review，
　　2000，128(10)：3574-3588.

[4] 李庆峰，范峥，吴窍，等. 全国输电线路覆冰情况调研及事故分析[J]. 电网技术，2008，32(9)：33-36.

[5] 中国电力科学研究院. 架空输电线路杆塔覆冰破坏及防治[M]. 北京：中国电力出版社，2013.

[6] 姚茂生. 葛双 II 回覆冰断线倒塔事故的原因分析[J]. 华中电力，1995，8(4)：60-63.

[7] 王守礼. 影响电线覆冰因素的研究与分析[J]. 电网技术，1994，18(4)：18-24.

[8] 蒋兴良，马俊，王少华. 输电线路冰害事故及原因分析[J]. 中国电力，2005，38(11)：27-30.

[9] 蒋兴良，张丽华. 输电线路除冰防冰技术综述[J]. 高电压技术，1997，23(1)：73-76.

[10] 王长滨，叶咏梅，陈永辉，等. 采用直升机开展 500kV 输电线路巡视及事故抢修探讨[J]. 黑龙江电力，1999，
　　(1)：44-47.

[11] 高金峰，王俊鹍. 有效的高压输电线路防冰雪措施：防冰球和防冰环的作用原理及设计要点[J]. 中国电机工
　　程学报，1993，13(2)：60-63.

[12] 蒋兴良，张志劲，胡琴，等. 再次面临电网冰雪灾害的反思与思考[J]. 高电压技术，2018(2)：463-469.

[13] 阮玲丽，杜正静，苏华英，等.2008 年初冰冻灾害对贵州电力行业的灾害影响评价[J]. 贵州气象，2009，(33)：
　　89-91.

[14] 蒋兴良，易辉. 输电线路覆冰及防护[M]. 北京：中国电力出版社，2002.

[15] 文习山，龚宇清，姚刚，等. 导线覆冰增长规律的试验研究[J]. 高电压技术，2009，35(7)：1724-1729.

[16] 刘春城，刘佼. 输电线路导线覆冰机理及雨凇覆冰模型[J]. 高电压技术，2011，37(1)：241-248.

[17] 林力，徐隽，赵舆明，等. 输电线路覆冰形成机理分析[J]. 江西电力职业技术学院学报，2008，21(2)：4-6.

[18] 王遵娅. 中国冰冻日数的气候及变化特征分析[J]. 大气科学，2011，35(3)：411-421.

[19] 布琴斯基. 电线积冰图[M]. 张之锜，译. 北京：科学出版社，1957.

[20] Masoud Farzaneh. 电网的大气覆冰[M]. 黄新波，等译. 北京：中国电力出版社，2010.

[21] 阳林，郝艳捧，黎卫国，等. 输电线路覆冰与导线温度和微气象参数关联分析[J]. 高电压技术，2010，
　　36(3):775-781.

[22] 庄文兵，张海斌，赵宏宇，等. 电线覆冰预报模型研究综述[J]. 气象科技进展，2017，7(2):6-12.

[23] 王守礼，李家垣. 云南高海拔地区电线覆冰问题研究[M]. 昆明：云南科技出版社，1993.

[24] 中国电力工程顾问集团西南电力设计院. 架空输电线路覆冰观测技术规定：DL/T 5462—2012 [S]. 北京：中国
     计划出版社，2012.

[25] 全国气象仪器与观测方法标准化技术委员会. 地面气象观测规范:GB／T 35221～35237—2017 [S]. 北京：中
     国标准出版社，2017.

[26] 国家能源局. 架空输电线路覆冰勘测规程：DL/T 5509—2015 [S]. 北京：中国电力出版社，2015.

[27] 国家能源局. 电力工程气象勘测技术规程：DL/T 5158—2012 [S]. 北京：中国电力出版社，2012.

[28] Jenkinson A F. The frequency distribution of the annual maximum（or minimum）values of meteorological elements
     [J]. Quarterly Journal of the Royal Meteorological Society，1955，81（348）:151-171.

[29] Hill B M. A simple general approach to inference about the tail of a distribution[J]. The Annals of Statistics，1975，
     3（5）:1163-1174.

[30] 江志红,刘冬,刘渝,等. 导线覆冰极值的概率分布模拟及其应用试验[J]. 大气科学学报,2010,33（4）,385-394.

[31] Pickands J. Statistical inference using extreme order statistics[J]. The Annals of Statistics，1975，3（1）:119-131.

[32] Dekkers A，de Haans L. A moment estimator for the index of an exereme value disrtibution[J]. Annals of Statistics，
     1989，17（4）:1833-1855.

[33] Smith R L. Estimating tails of probability distributions [J]. Annals of Statistics，1987，15（3）:1174-1207.

[34] Azzalini A. Statistical Inference Based on the Likelihood[M]. London:Chapman and Hall，1996.

[35] Hosking J R M，Wallis J R，Wood E F. Estimation of the generalized extreme value distribution by the method of
     probability weighted moment[J]. Technometrics，1985，27:251-261.

[36] 苑吉河，蒋兴良，易辉，等. 输电线路导线覆冰的国内外研究现状[J]. 高电压技术，2004，30（1）: 6-9.

[37] Imai I. Studies on ice accretion[J]. Researches on Snow and Ice，1953，1:35-44.

[38] Lenhard R W. An indirect method for estimating the weight of glaze on wires[J]. Bulletin of the American
     Meteorological Society，1955，36（3）:1-5.

[39] Goodwin E J，et al. Predicting ice and snow loads for transmission lines design[J]. Procceeding of the First IWAIS，
     1983:267-273.

[40] Chaine P M，Casfonguay G. New approach to radical ice thickness concept applied to bundle like conductors[R].
     Toronto：Industrial Meteorology study IV，Environment Canada，1974.

[41] Mc. Comber P，Govoni J W. An analysis of selected ice accretion measurements on a wire at Mount Washington[C].
     Proceedings of the Forty-second Annual Eastern Snow Conference，Montreal，1985.

[42]Kunkel，Bruce A. Parameterization of droplet terminal velocity and extinction coefficient if fog models[J]. Journal of
     Climate&Applied Meteorology，1984，23（1）:34-41

[43] 国家气象中心气候资料中心. 中华人民共和国气候图集[M]. 北京：气象出版社，2002.

[44] 刘泽洪. 直流输电线路覆冰与防治[M]. 北京：中国电力出版社，2012.

[45] 熊海星，江志红，陈权亮，等. 输电线路覆冰研究及应用技术开发[R]. 成都：西南电力设计院，2011.

[46] 朱瑞兆，谭冠日，王石立. 应用气候学概论[M]. 北京：气象出版社，2005.

[47] 金西平. 微地形微气候对电力线路覆冰的影响[J]. 供用电，2008，25（4）:17-20.

[48] 中华人民共和国住房和城乡建设部. 330～750kV 架空输电线路勘测标准：GB/T 50548—2018 [S]. 北京：中国

计划出版社，2018.

[49] 中华人民共和国住房和城乡建设部. 1000kV 架空输电线路勘测规范：GB/T 50741—2012 [S]. 北京：中国标准出版社，2012.

[50] 郭新春. 架空输电线路设计冰区划分方法综述[J]. 四川电力技术，2017，40（5）：47-50.

[51] 中华人民共和国国家质量监督检验检疫总局. 电网冰区分布图绘制技术导则: GB／T 35706—2017 [S]. 北京：中国标准出版社，2018.

[52] 郭新春，吴国强. 基于 GIS 的覆冰空间分布模拟研究[R]. 成都：西南电力设计院有限公司，2017.

彩 图 版

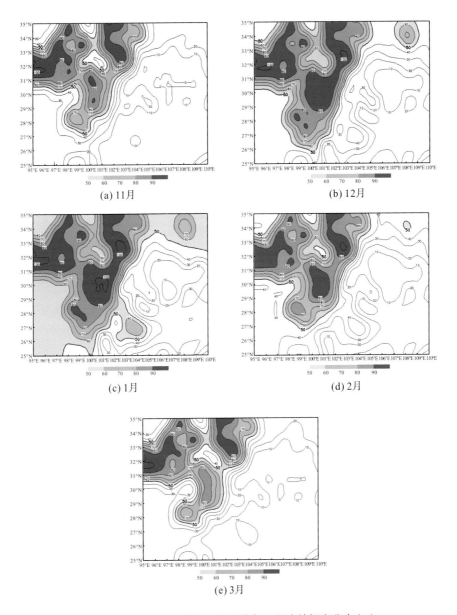

(a) 11月

(b) 12月

(c) 1月

(d) 2月

(e) 3月

图 12-1　多年平均 11 月至次年 3 月冻结概率分布(%)

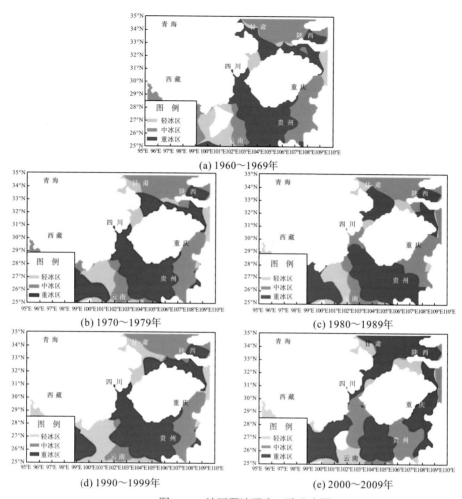

(a) 1960～1969年

(b) 1970～1979年

(c) 1980～1989年

(d) 1990～1999年

(e) 2000～2009年

图 12-4　地区覆冰强度风险分布图

图 13-1　输电线路抗冰加强示例图

图 13-2　输电线路冰区调整示例图

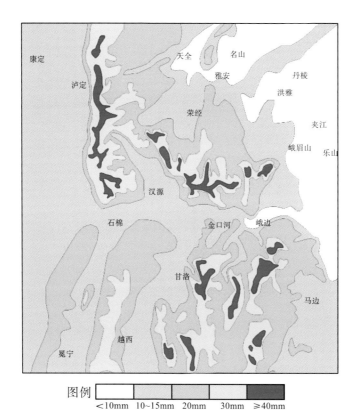

图例 <10mm　10~15mm　20mm　30mm　≥40mm

图 13-3　四川省局部地区输电线路 50 年一遇冰区成果

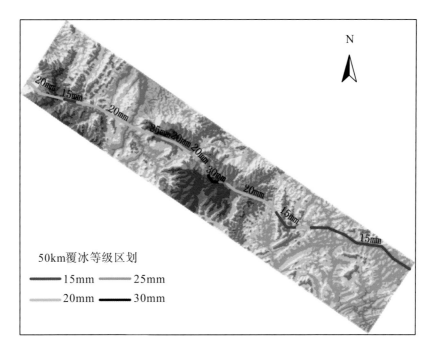

图 13-4　某输电线路乌蒙山主岭区段 50 年一遇冰区模拟结果

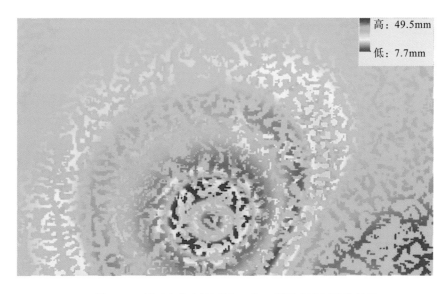

图 13-5　川西南某山地区域 50 年一遇数字冰区计算结果

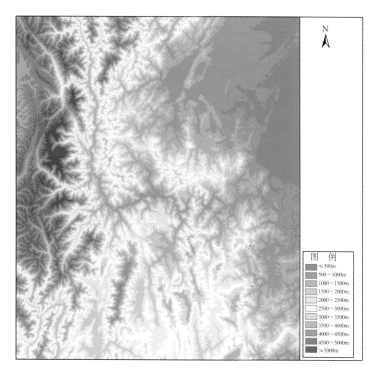

图 14-1　制图区域的四川局部 DEM 图

图 14-2　某覆冰过程区域气温空间插值结果

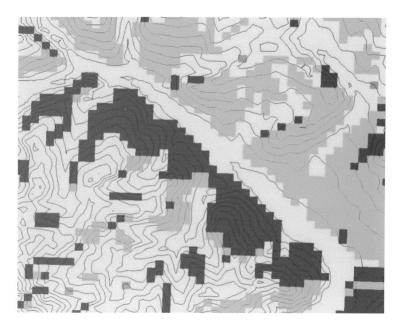

图 14-4　迎风坡、背风坡地形识别效果

(蓝色为迎风坡、绿色为背风坡)

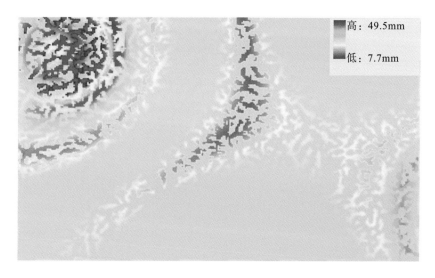

图 14-6　川西南山地局部区域 50 年一遇覆冰分布模拟计算结果

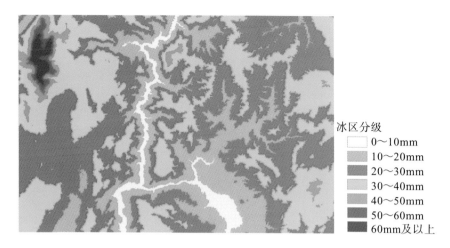

冰区分级

☐ 0～10mm
▨ 10～20mm
▨ 20～30mm
▨ 30～40mm
▨ 40～50mm
▨ 50～60mm
■ 60mm及以上

图 14-7 川西南山地局部区域 50 年一遇冰区图